21世纪高职高专规划教材

机械工程图样识绘任务跟踪训练

主　编　覃国萍　张枫叶

副主编　周彦云　海淑萍　王彩英

主　审　王瑞清

内 容 提 要

机械工程图样识绘任务跟踪训练是根据教育部"高职高专教育工程制图课程教学基本要求"，中、高级（机械类）《制图员国家职业标准》，中、高级制图员职业资格认证对职业技能及相关知识的要求，并结合多年教学经验精心编写而成。

本任务跟踪训练与教材配套，紧密结合，相互对应；采用最新颁布的《技术制图》与《机械制图》国家标准及其他有关标准；各项目任务循序渐进、由浅入深，精心选编，难度适中，有代表性和典型性。

本任务跟踪训练可作为高职工科学校的机械和近机械类专业的教材；可作为高等工科学校、函授、业余大学等相近专业的教学参考用书；也可作为中、高级制图员职业资格技能鉴定考试培训教材；亦可作为有关工程技术人员的参考书。

图书在版编目（CIP）数据

机械工程图样识绘任务跟踪训练 / 覃国萍，张枫叶主编. -- 北京 : 中国水利水电出版社，2012.8
21世纪高职高专规划教材
ISBN 978-7-5170-0053-2

Ⅰ. ①机… Ⅱ. ①覃… ②张… Ⅲ. ①机械制图－高等职业教育－习题集 Ⅳ. ①TH126-44

中国版本图书馆CIP数据核字(2012)第185528号

策划编辑：杨庆川　　责任编辑：宋俊娥　　封面设计：李　佳

书　名	21世纪高职高专规划教材 **机械工程图样识绘任务跟踪训练**
作　者	主　编　覃国萍　张枫叶 副主编　周彦云　海淑萍　王彩英 主　审　王瑞清
出版发行	中国水利水电出版社 （北京市海淀区玉渊潭南路1号D座　100038） 网址：www.waterpub.com.cn E-mail：mchannel@263.net（万水）　sales@waterpub.com.cn 电话：（010）68367658（发行部）、82562819（万水）
经　售	北京科水图书销售中心（零售） 电话：（010）88383994、63202643、68545874 全国各地新华书店和相关出版物销售网点
排　版	北京万水电子信息有限公司
印　刷	北京蓝空印刷厂
规　格	260mm×184mm　横16开　11.25印张　270千字
版　次	2012年8月第1版　2012年8月第1次印刷
印　数	0001—4000册
定　价	19.80元

前　　言

机械工程图样识绘任务跟踪训练是根据教育部“高职高专教育工程制图课程教学基本要求”，中、高级（机械类）《制图员国家职业标准》，中、高级制图员职业资格认证对职业技能及相关知识的要求，并结合多年教学经验精心编写而成。同时与《机械工程图样识绘》教材相配套，具有以下特点：

一、与教材紧密结合，相互对应；

二、采用最新颁布的《技术制图》与《机械制图》国家标准及其他有关标准；

三、图形清晰、准确、精美，并做到线条一致，符号统一；

四、各项目任务循序渐进、由浅入深，精心选编，难度适中，有代表性和典型性；

五、从任务单学习开始，到每一任务有效适度地训练，最后通过合理严格地考核评价，完成“教、学、做”一体化的情境教学范示。

本任务跟踪训练由王瑞清主审；覃国萍、张枫叶主编；周彦云、海淑萍、王彩英副主编；参编的有：赵玮、呼吉亚、杨晶、闫威、曹媛、王婕。

由于水平有限，书中不足之处，欢迎读者指正和建议。

编　者

2012 年 7 月

前言

[illegible]

[illegible]

[illegible]

[illegible]

[illegible]

目　录

下篇 专业识图

上篇　机械工程图样识绘

项目一　机械工程图样的基本知识

任务一　机械图样的初步认识

1．学习任务单

写出轴套类零件的结构工艺特点。	写出盘盖类零件的结构工艺特点。	写出叉架类零件的结构工艺特点。	写出箱体类零件的结构工艺特点。	写出机械部件的结构特点。	写出零件、部件的概念。	写出机械工程图样识绘的性质和定位。

2．举一个各类零件和部件的实例；熟练掌握各类零件的结构工艺特点和部件的结构特点。

3．学习评价

知识的理解（30分）	技能的掌握（30分）	学习态度（纪律、出勤、勤奋、认真、卫生、安全意识、积极性、任务单的学习情况等）（30分）	团队精神（责任心、竞争、比学赶帮等）（10分）	成绩（100分）

任务二　国家标准对机械图样的基本规定

一、常用绘图工具及使用

1．学习任务单

常用绘图工具有哪些？	常用图板规格有哪些？	怎样可以画出垂直线、水平线和15°整倍数的斜线？	绘图时打底稿用什么铅笔？削成什么形状？	描深细线与写字用什么铅笔？削成什么形状？	描深粗实线用什么铅笔？削成什么形状？	画圆时的铅芯应比画直线时的铅芯的软硬度如何？	如何用圆规画出均匀的粗实线圆和细实线圆？

班级　　　　姓名　　　　学号

2．学会削铅笔，使用圆规。在空白处按 1:2 抄画下图，注意不同的线型，不标注尺寸。

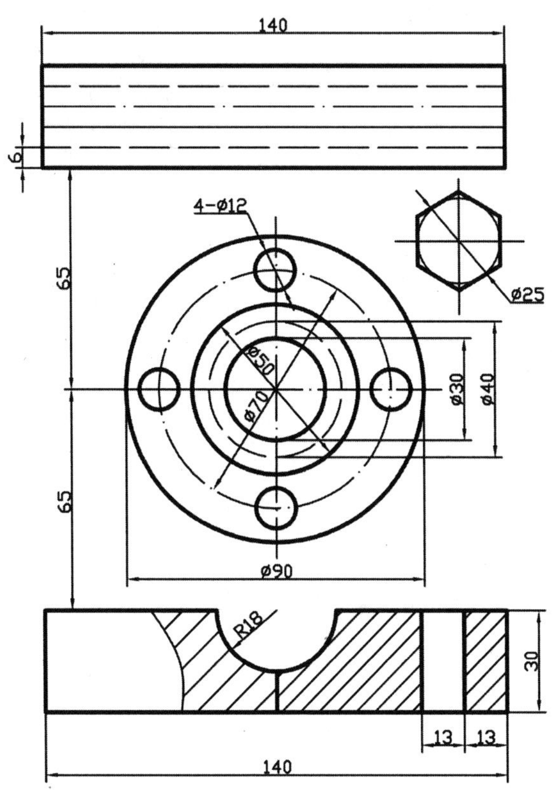

3．学习评价

知识的理解（30 分）	技能的掌握（30 分）	学习态度（纪律、出勤、勤奋、认真、卫生、安全意识、积极性、任务单的学习情况等）（30 分）	团队精神（责任心、竞争、比学赶帮等）（10 分）	成绩（100 分）

班级　　　　　　　　　　姓名　　　　　　　　　　学号

二、图纸幅面、图框、标题栏

1. 学习任务单

图纸幅面有哪些？各种幅面的关系是什么？	必要时允许加长的幅面有哪些？	如何得到小一号的图纸幅面？	图框格式有哪些？一般怎么放置？	各种图幅留装订边、不留装订边的图框尺寸是什么？	标题栏的位置如何？标题栏的线型如何？

班级　　姓名　　学号

2．抄画下图，不标注尺寸（用 A3 图幅，边界尺寸 420×297，图框 390×287，保存好，大作业用）。

3．学习评价

知识的理解（30 分）	技能的掌握（30 分）	学习态度（纪律、出勤、勤奋、认真、卫生、安全意识、积极性、任务单的学习情况等）（30 分）	团队精神（责任心、竞争、比学赶帮等）（10 分）	成绩（100 分）

班级 姓名 学号

三、图样的线型、字体、比例

1．学习任务单

图样的常用线型有哪些?	粗实线、细实线、细虚线、细点画线、波浪线分别用于什么中?	绘制图线时应注意什么?	什么是字体的号数?图样上的汉字应写为什么字体?	常用字体的号数为多少?字宽为字高h的多少?约为多少?	字母和数字常怎么倾斜?	用作指数、分数、极限偏差、注脚的数字及字母的字号一般应采用小几号的字?	比例的概念是什么?包括什么?优先选用第几系列?	同一张图样上一般采用的比例是什么?比例一般应注写在哪里?

班级　　　　姓名　　　　学号

2．数字练习

0 1 2 3 4 5 6 7 8 9 Φ　0 1 2 3 4 5 6 7 8 9 R　ΦR

班级　　　　姓名　　　　学号

3．中文、字母、数字练习

齿轮轴套支架箱组合体剖视图面

包头轻工职业技术学院机械工程图样识绘

机械制造及自动化专业班级学号姓名绘图

技术要求其余设计制图审核比例序号数量名称备注描

ABCDEFGHIJKLMNOPQRSTUVWXYZ

abcdefghijklmnopqrstuvwxyz

1234567890Ø 1234567890Ø 1234567890Ø

班级 姓名 学号

4．中文字体练习

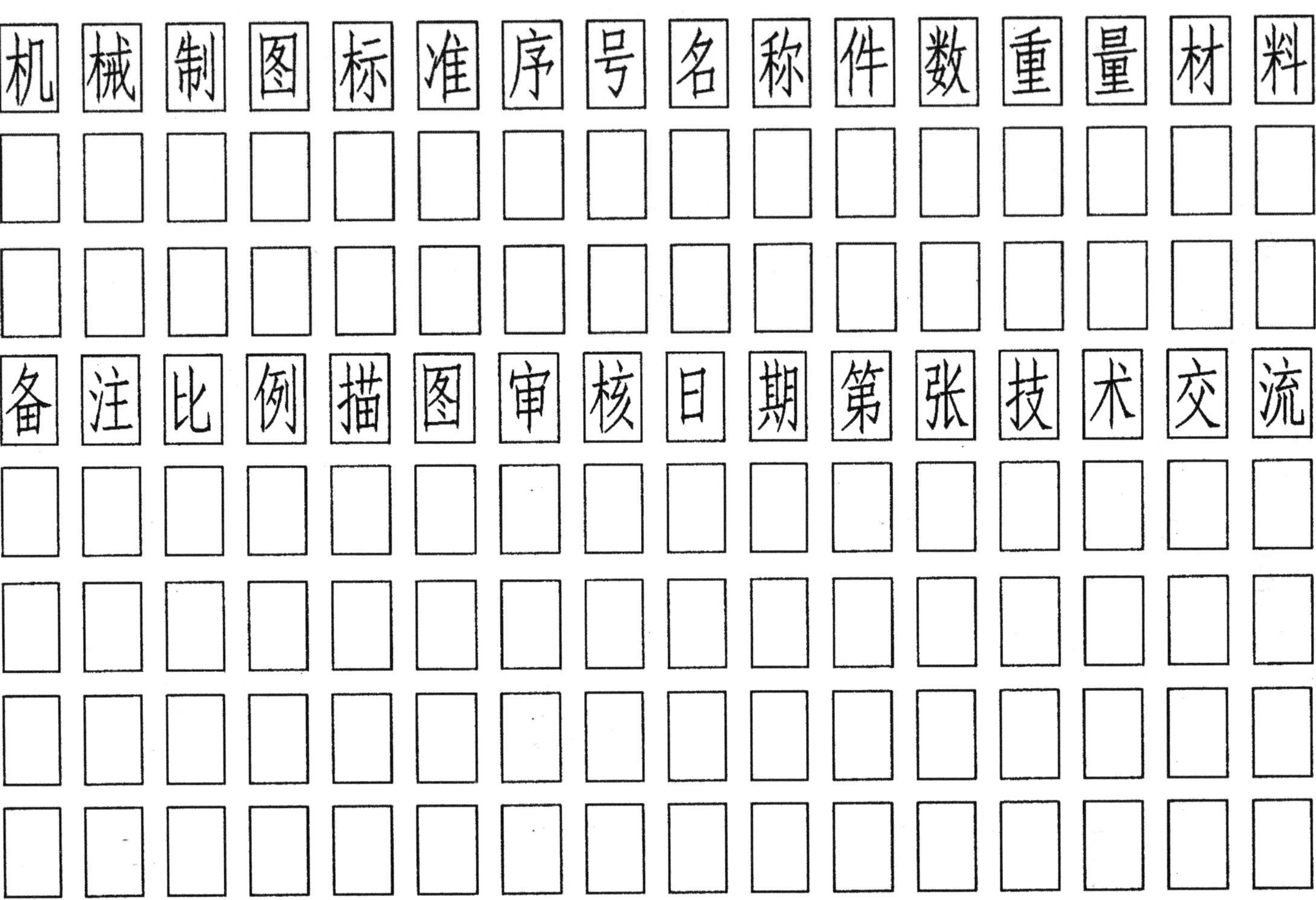

班级　　　　姓名　　　　学号

5. 图线练习

（1）临摹线型和箭头。

粗实线

×

×

×

虚线

×

×

×

点划线

×

×

×

双点划线

×

×

×

波浪线

×

×

×

箭头

（2）按 1:2 抄画任务二常用工具及使用第 2 题的图，注意不同的线型，不标注尺寸。

班级 姓名 学号

6．学习评价

知识的理解（30 分）	技能的掌握（30 分）	学习态度（纪律、出勤、勤奋、认真、卫生、安全意识、积极性、任务单的学习情况等）（30 分）	团队精神（责任心、竞争、比学赶帮等）（10 分）	成绩（100 分）

四、图样的尺寸

1．学习任务单

尺寸标注的基本规则有哪些？	尺寸的组成有哪些？	什么是尺寸线？有什么要求？	尺寸数字有什么要求？	什么是尺寸界线？有什么要求？	尺寸线的终端有什么要求？

班级 姓名 学号

2．找出图中的错误，并改正（在空白处画出正确的图）。

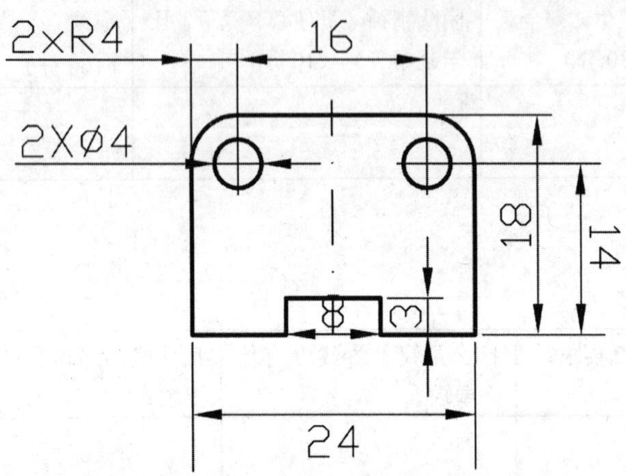

3．分析图中尺寸标注的错误，并在右图中重新正确标注。

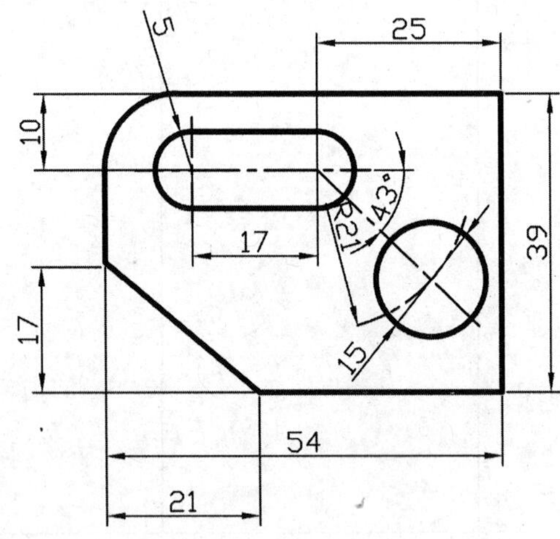

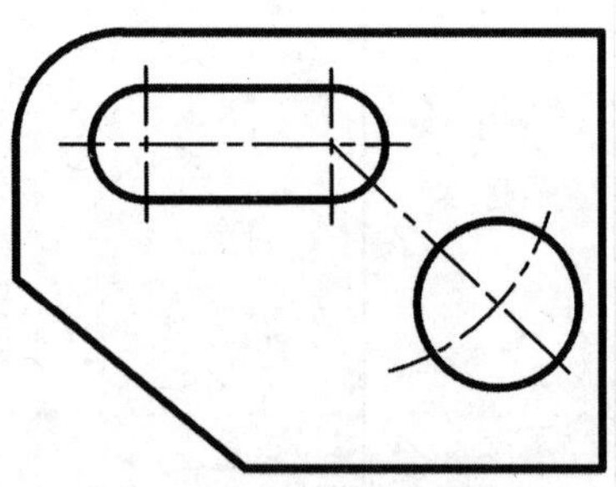

 班级 姓名 学号

4．标注下列尺寸（尺寸数值从图中量取，取整数）。

（1）画出箭头并写出尺寸数字。

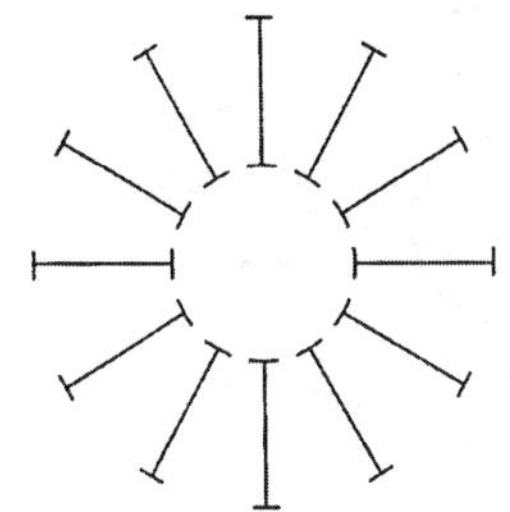

（2）标注直径尺寸。

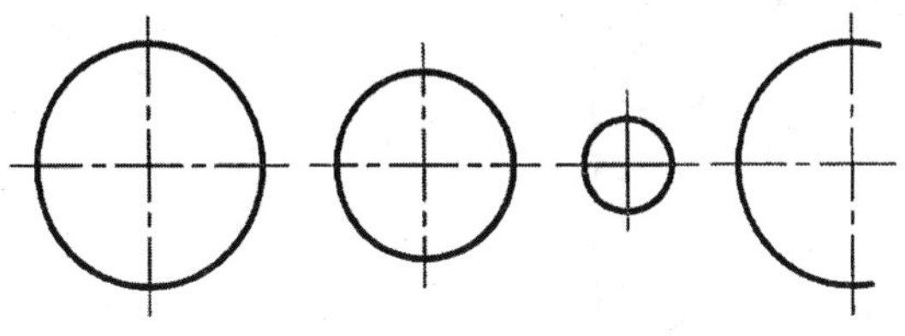

（3）标注半径尺寸。

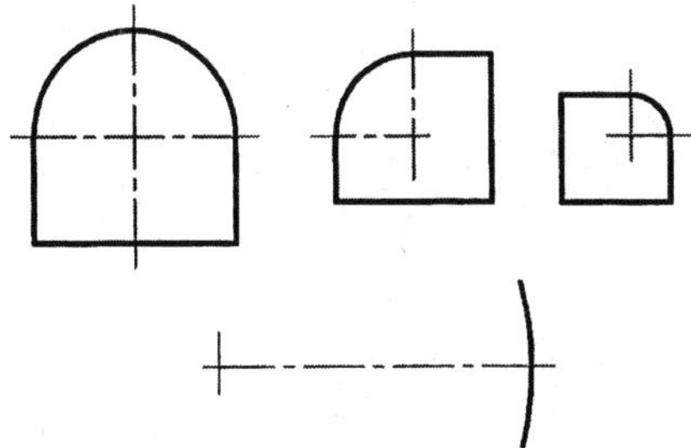

（4）标注小间距尺寸。

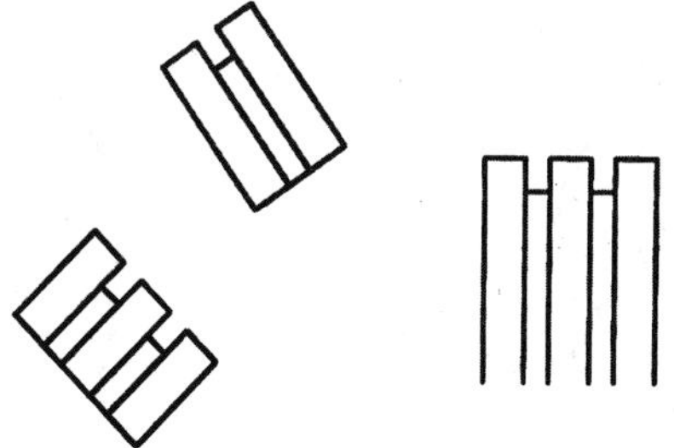

（5）标注角度尺寸。

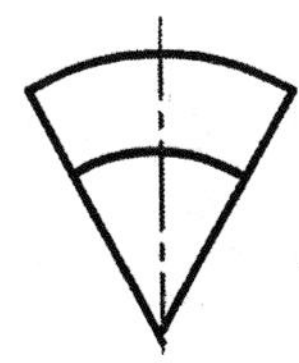

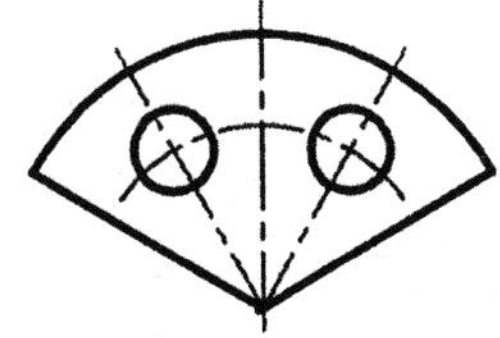

（6）标注角度尺寸。

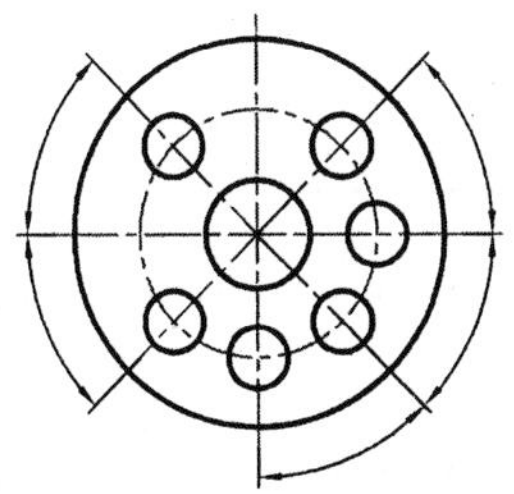

班级　　　　　　　　姓名　　　　　　　　学号

5．标注平面图形的尺寸（数值按图中量取，取整数）。

（1）

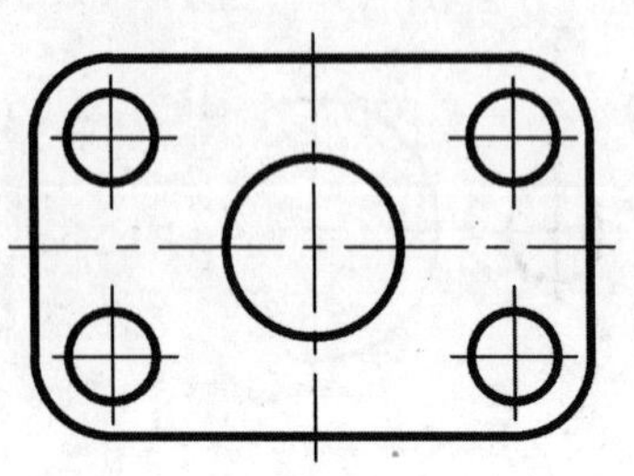

（2）

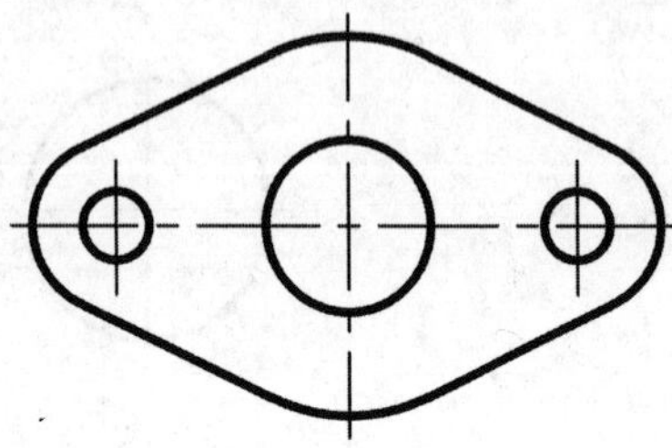

（3）

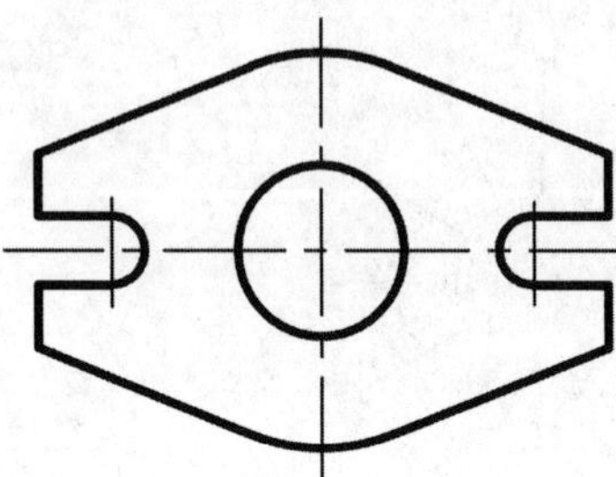

（4）

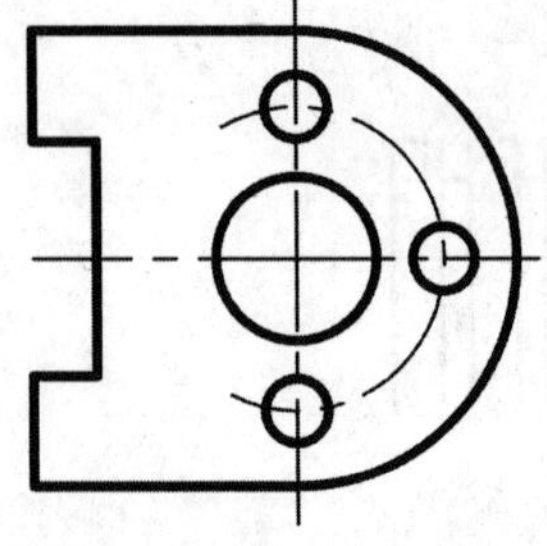

（5）

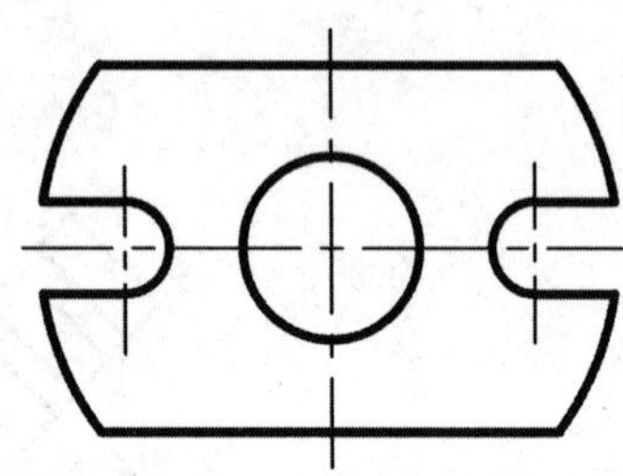

（6）

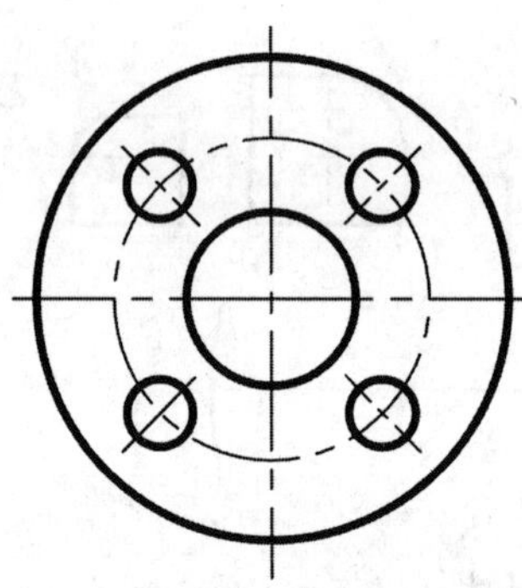

6．学习评价

知识的理解（30 分）	技能的掌握（30 分）	学习态度（纪律、出勤、勤奋、认真、卫生、安全意识、积极性、任务单的学习情况等）（30 分）	团队精神（责任心、竞争、比学赶帮等）（10 分）	成绩（100 分）

 班级 姓名 学号

任务三　平面图形的尺寸分析和画法

一、平面图形的画法

1．学习任务单

什么是定形尺寸？	什么是定位尺寸？	什么是尺寸基准？平面图形有几个方向的尺寸基准？	什么是已知线段、中间线段、连接线段？	平面图形的画图步骤如何？	平面图形尺寸标注的要求有哪些？平面图形尺寸标注应注意的问题有哪些？	常见几何图形的作图方法？

班级　　　　　　　　　　　　　　　　姓名　　　　　　　　　　　　　　　　学号

2．读图中的尺寸并回答问题。

（1）

（2）

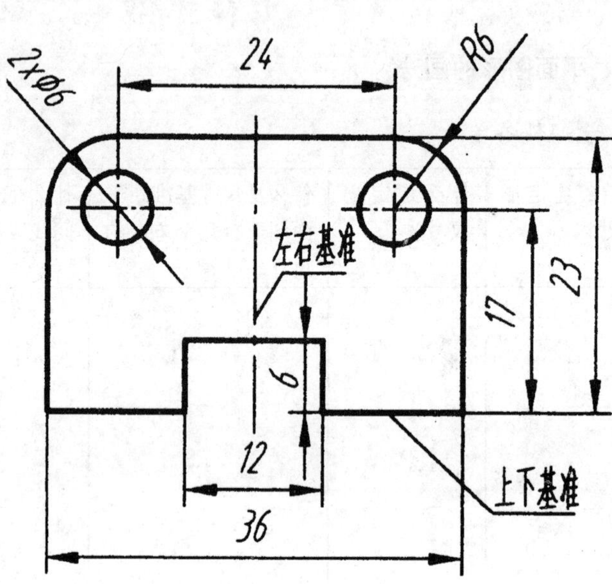

图（1）中定位尺寸有____________，定形尺寸有____，圆“Ø11”的定形尺寸和定位尺寸是____________。

图（2）中定位尺寸有____________，定形尺寸有____，圆“Ø6”的定形尺寸和定位尺寸是____________。

3．参照所示图形，以 1:1 比例在指定位置画出图形，并标注尺寸。

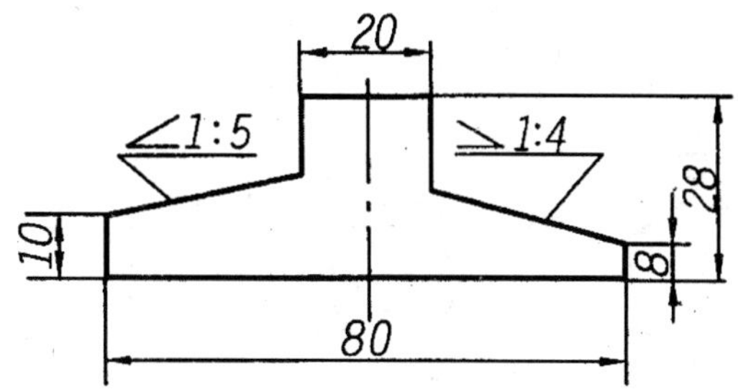

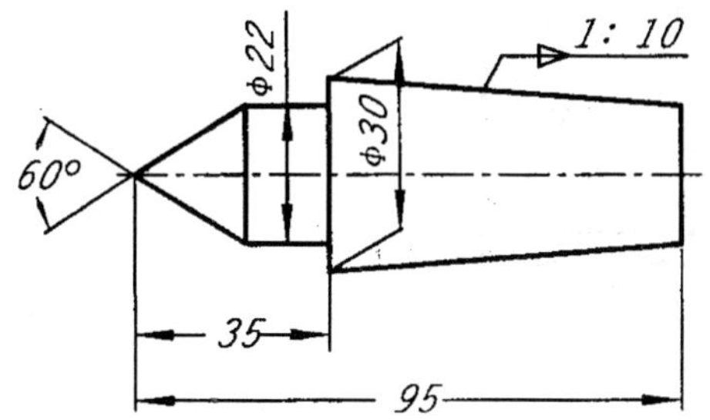

4. 根据小图尺寸按比例完成大图的线段连接。

（1）按 2:1 画。

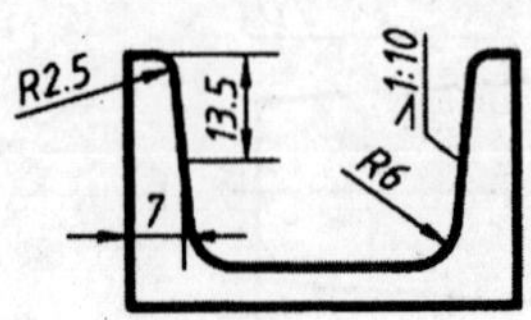

（2）按 1:1 画。

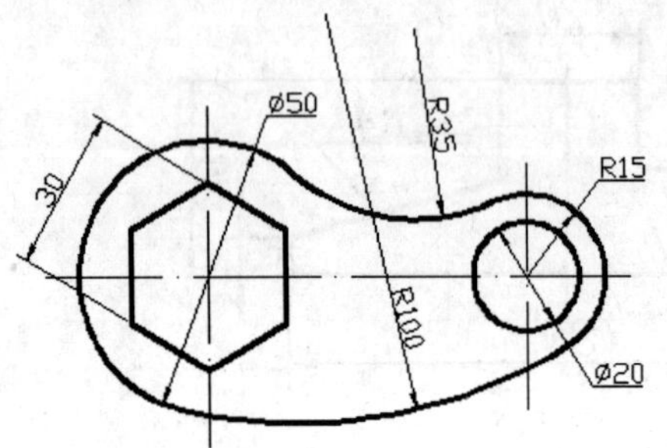

二、徒手绘图的方法

1．徒手画出下面的线型。

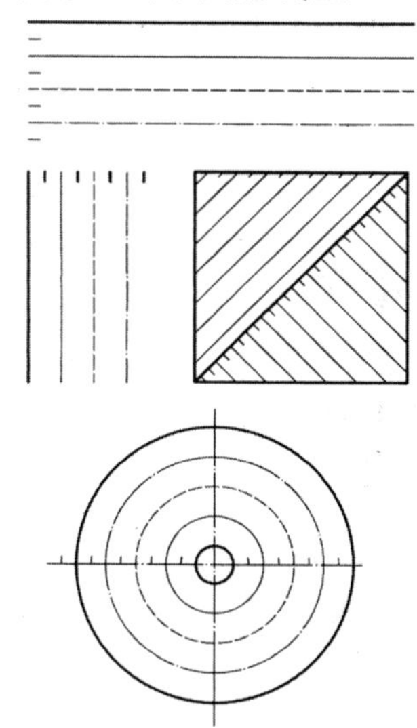

2．将左图徒手画在右边方格上，并标注尺寸。

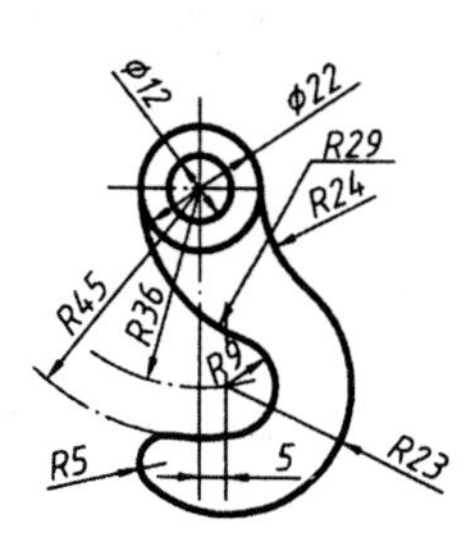

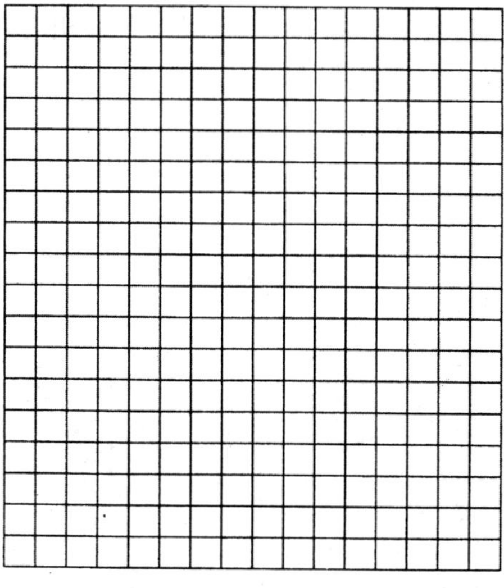

三、大作业一：在 A3 纸上抄画下列零件轮廓（任选一个图形，并标注尺寸）

1．要求

（1）布图匀称。

（2）作图准确。圆弧连接要用几何作图的方法确定圆心和切点。

（3）图面清晰、整洁。图线粗细分明，线型均匀一致且符合国家标准规定，尺寸数字及箭头大小一致。

（4）正确使用绘图仪器。

2．作图步骤及注意事项

（1）固定图纸，布置图幅，作定位线。

（2）按线段分析确定作图顺序，用铅笔轻轻作出底稿。作图时线段的长短应尽量按所注尺寸一次画出，量尺寸应使用分规。需要通过作图来确定的线段，作图时按估计位置略长一点画出，准确定位后及时擦去多余线条。

班级　　　　　　　　姓名　　　　　　　　学号

（3）标注尺寸。尺寸数字采用 3.5 号字，箭头宽约 0.7mm，长为宽的 6 倍，约 4～5mm。

（4）检查描深。描深之前一定要仔细检查，确认图形及尺寸都准确无误后，方可描深。描深时应按先细后粗、先圆后直，从上至下、从左到右的顺序依次进行。描深后粗实线宽约 0.5mm，细线宽约 0.25mm。描深时各线段的起落点要准确。为使圆弧线段和直线段的图线均匀一致，圆规的铅芯应比画直线的铅笔软一号。

（5）填写标题栏。图名：基本练习。在相应栏内填写：姓名、班级、学号、比例、日期等内容。

3．零件轮廓

（1）

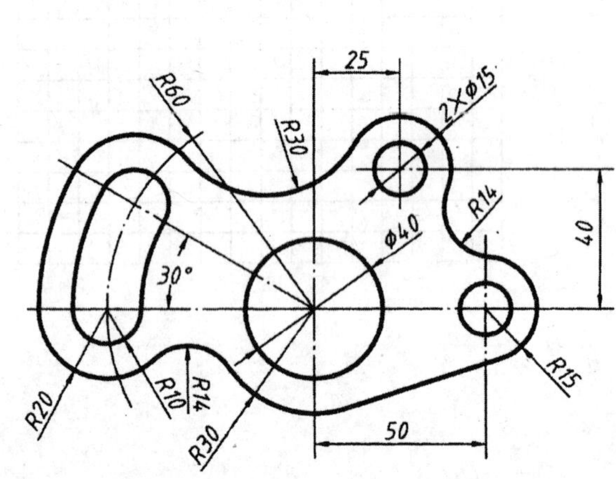

（2）

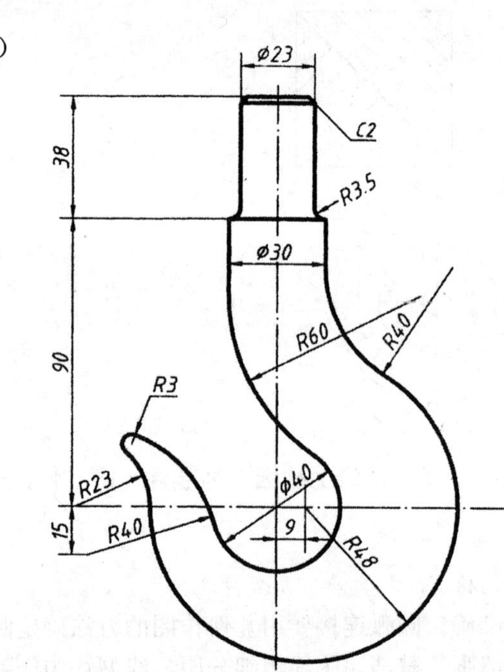

四、学习评价

知识的理解（30 分）	技能的掌握（30 分）	学习态度（纪律、出勤、勤奋、认真、卫生、安全意识、积极性、任务单的学习情况等）（30 分）	团队精神（责任心、竞争、比学赶帮等）（10 分）	成绩（100 分）

　　班级　　姓名　　学号

任务四 正投影原理和三视图的形成

1．学习任务单

物体的影子，物体的投影，及它们之间的区别是什么？	投影法的概念是什么？投影的种类有哪些？	什么是正投影法？正投影法的基本性质？	视图的概念是什么？三视图是怎么形成的？	三视图的投影规律（三等关系）是什么？三视图的方位关系是什么？	三视图的方位关系与坐标之间的对应关系是什么？	三视图的作图方法和步骤是什么？

班级　　　　　　　　　　姓名　　　　　　　　　　学号

2．画出下图所示的三视图，并标出三视图的方位（尺寸从图中量取，取整数）。

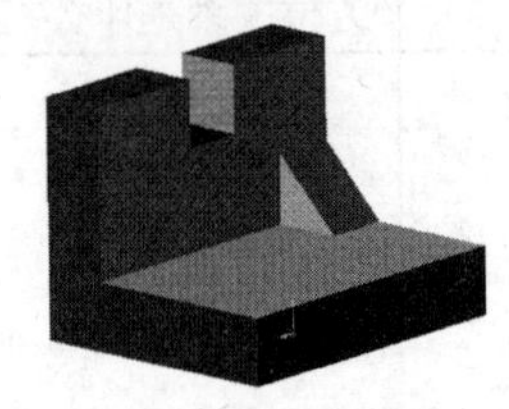

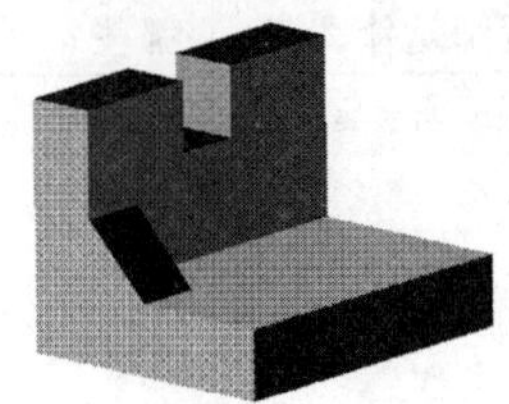

3．根据立体图找出对应的三视图，将号码填入下面的圆圈内。

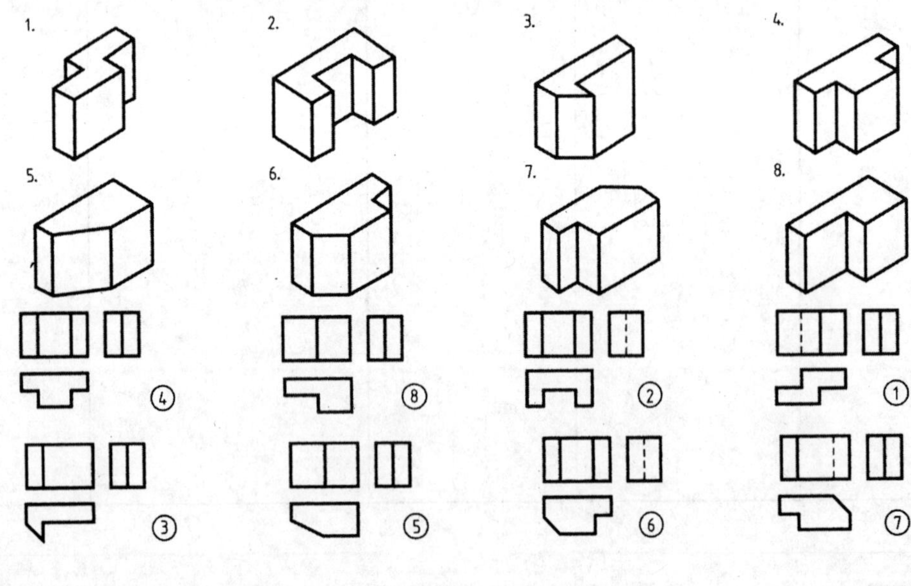

班级　　　　姓名　　　　学号

4．根据立体图补全三视图。

（1）

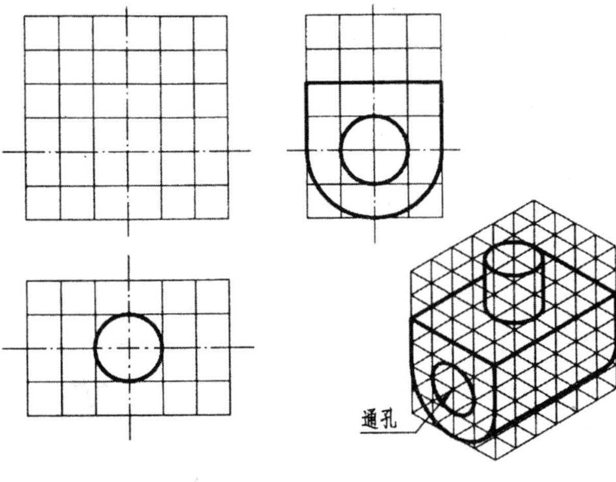

（2）

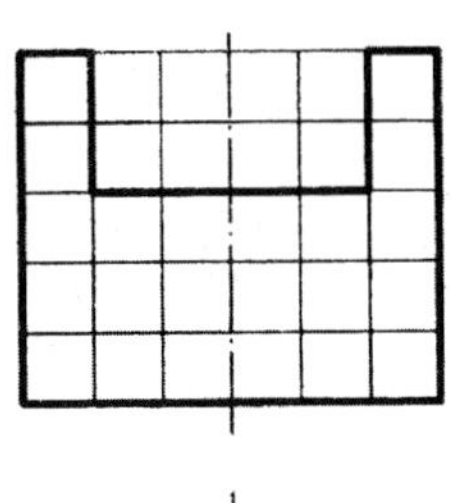

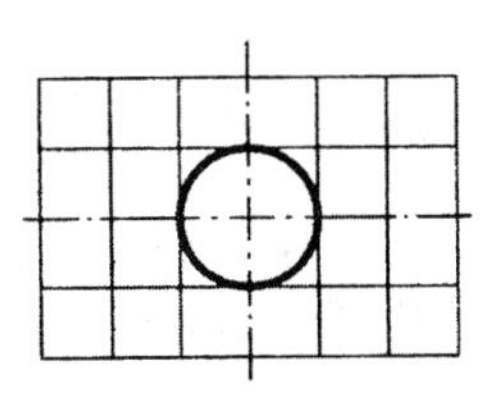

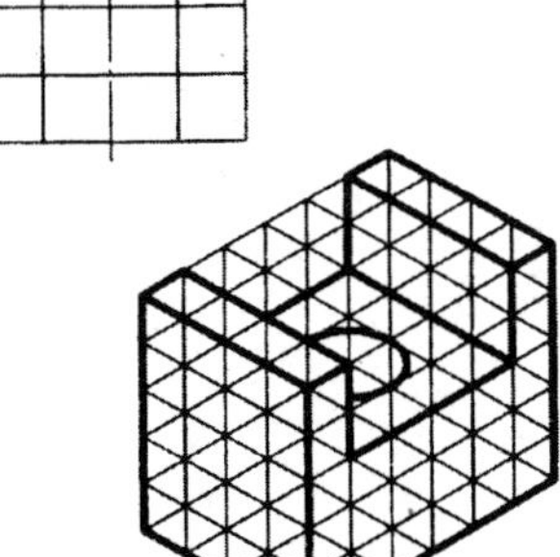

（3）

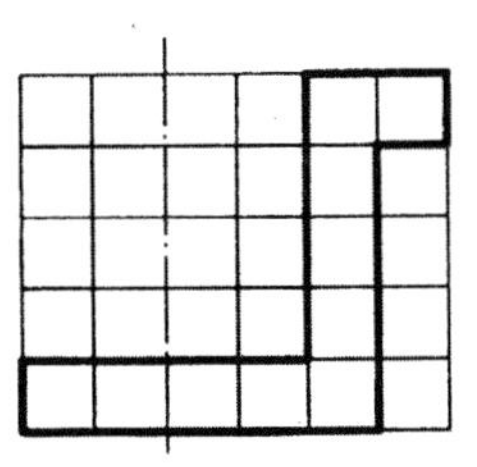

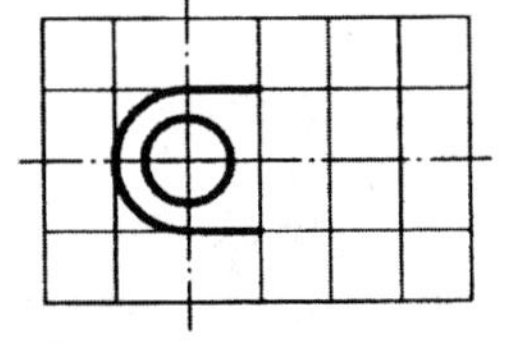

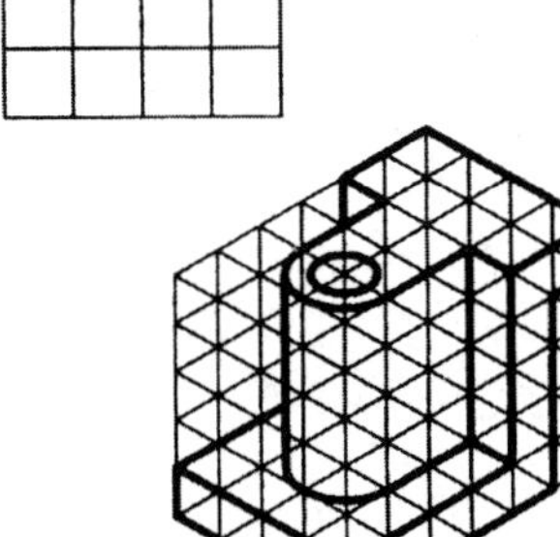

（4）

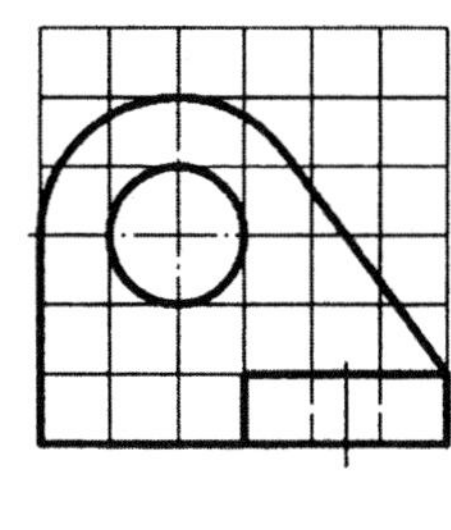

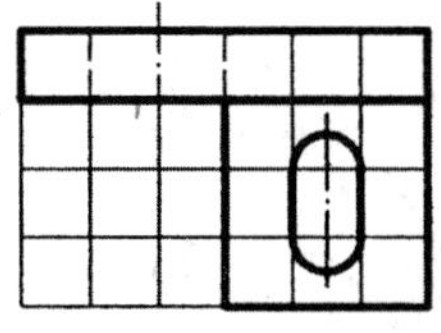

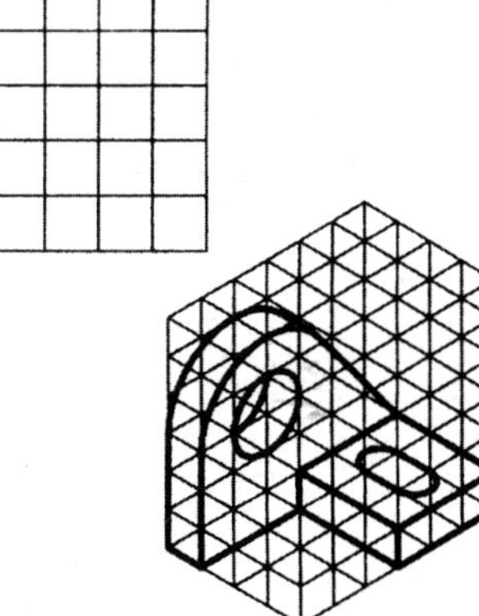

班级　　　　　　　　姓名　　　　　　　　学号

5．根据立体图按 1:1 画出三视图，尺寸从图中量取，取整数。

（1）

（2）

（3）

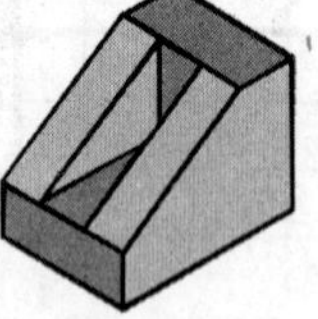

（4）

（5）

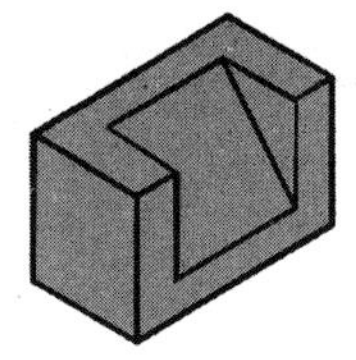

（6）

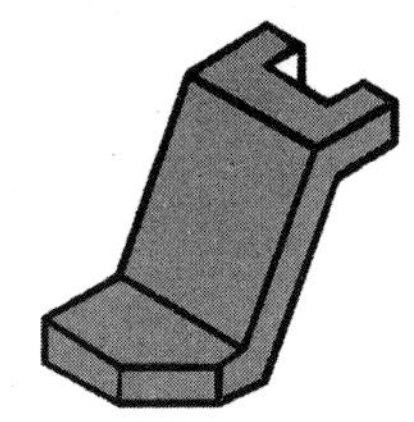

6．学习评价

知识的理解（30分）	技能的掌握（30分）	学习态度（纪律、出勤、勤奋、认真、卫生、安全意识、积极性、任务单的学习情况等）（30分）	团队精神（责任心、竞争、比学赶帮等）（10分）	成绩（100分）

班级　　　　　　　　　　　　　　姓名　　　　　　　　　　　　　　学号

项目二　基本几何体的三视图

任务一　物体上的点、直线和平面的投影特性

1．学习任务单

物体上点的投影规律是什么？	如何判断空间两点的相对位置？	什么是重影点？怎么标记？	物体上直线的投影特性是什么？	直线上点的投影有什么性质？	两直线的相对位置有哪些？	物体上平面的投影特性是什么？

2．根据立体图在三视图中标出点和直线的相应投影，并填空。

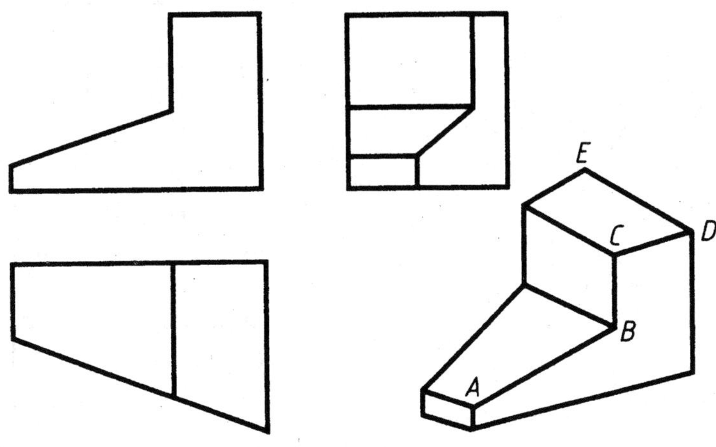

B 和 C 是________点，E 和 D 是________点，AB 是________线，BC 是________线，CD 是________线，ED 是________线。

3．填空。

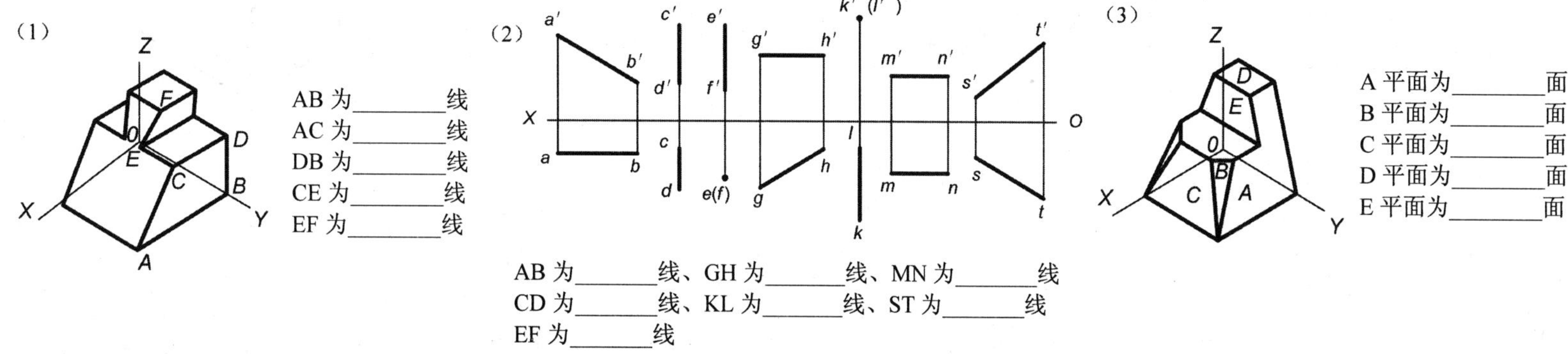

AB 为________线
AC 为________线
DB 为________线
CE 为________线
EF 为________线

AB 为_______线、GH 为_______线、MN 为_______线
CD 为_______线、KL 为_______线、ST 为_______线
EF 为_______线

A 平面为________面
B 平面为________面
C 平面为________面
D 平面为________面
E 平面为________面

班级　　　　　　　　　　姓名　　　　　　　　　　学号

4．标注 A、B、C 三面在另外两视图中的投影，并填空，说明它们相对投影面的位置。

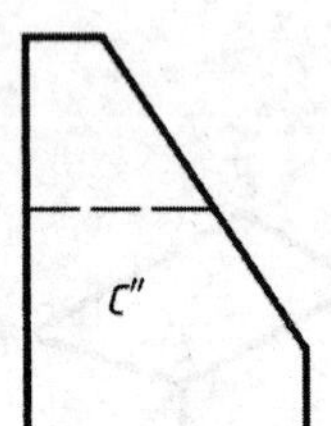

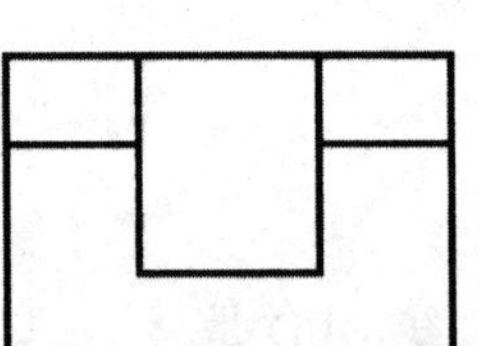

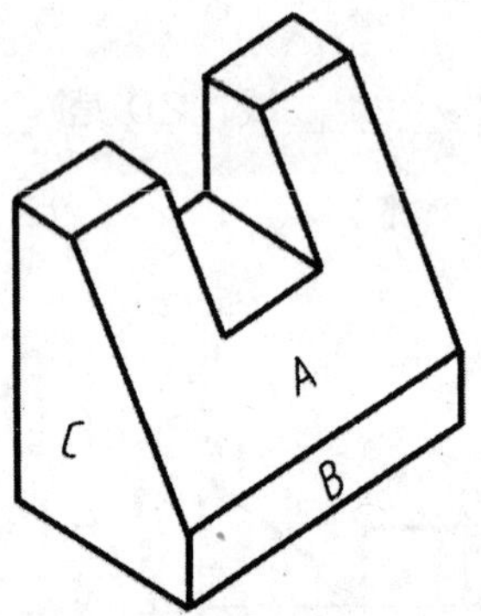

A 面是____________

B 面是____________

C 面是____________

5．标注 A、B、C 三面在另外两视图中的投影，并填空，说明它们相对投影面的位置。

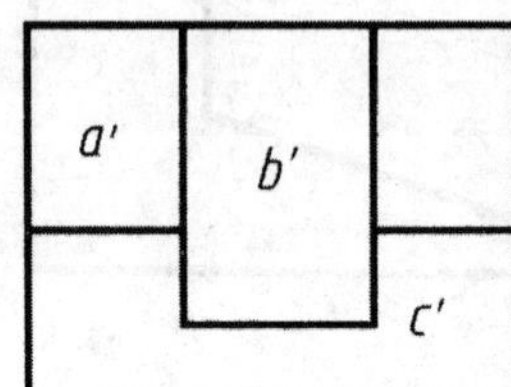

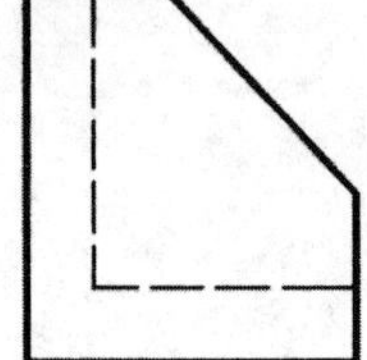

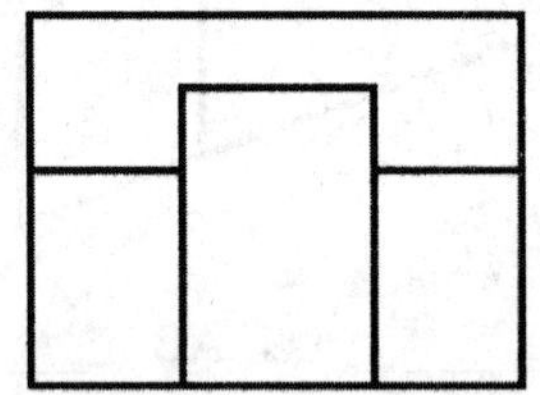

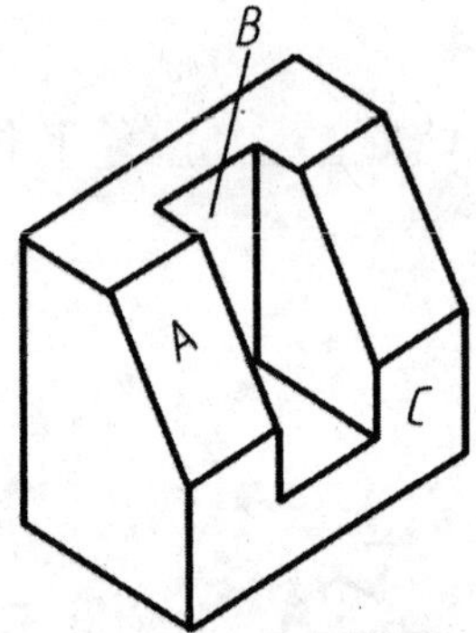

A 面是____________

B 面是____________

C 面是____________

6．标注 A、B、C 三面在另外两视图中的投影，并填空，说明它们相对投影面的位置。

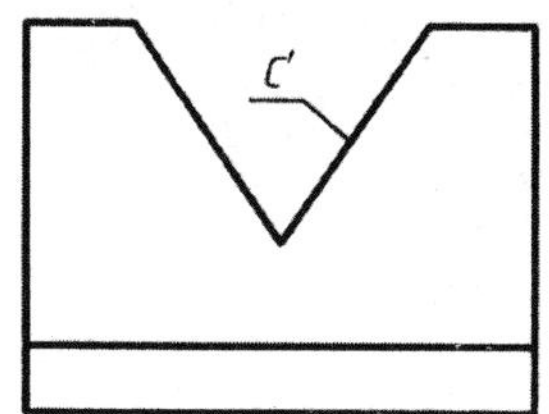

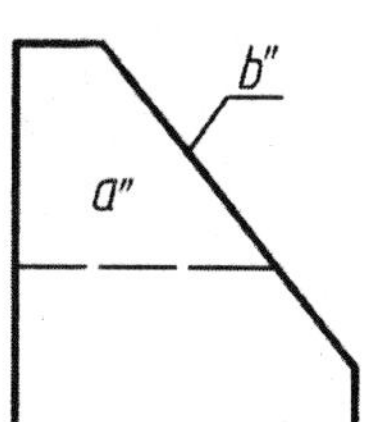

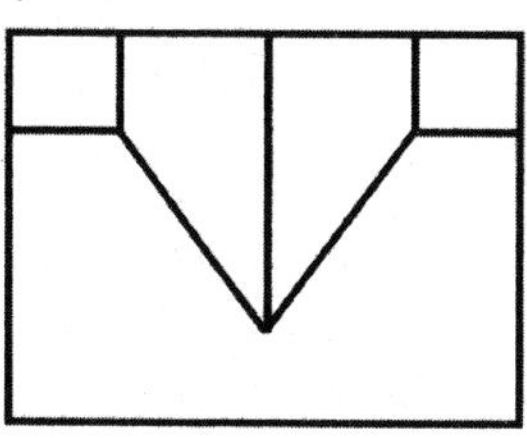

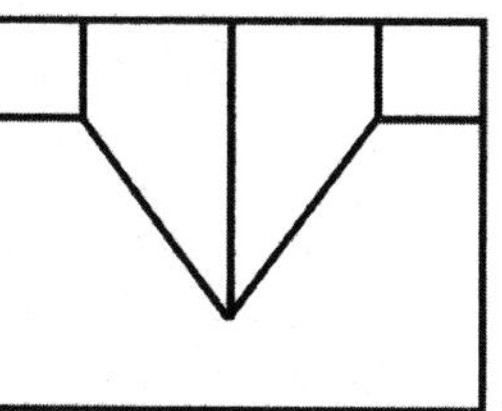

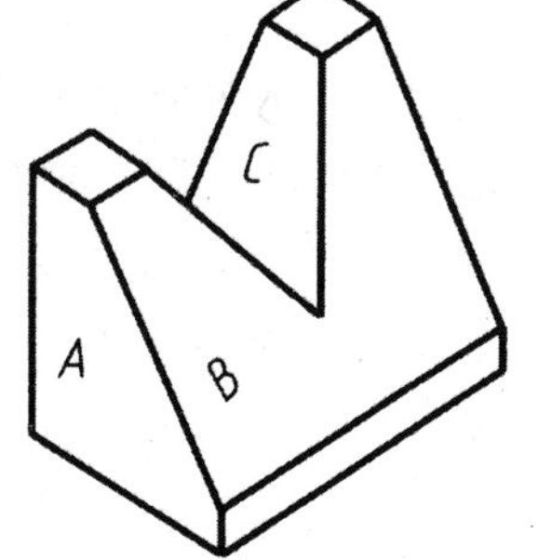

A 面是____________

B 面是____________

C 面是____________

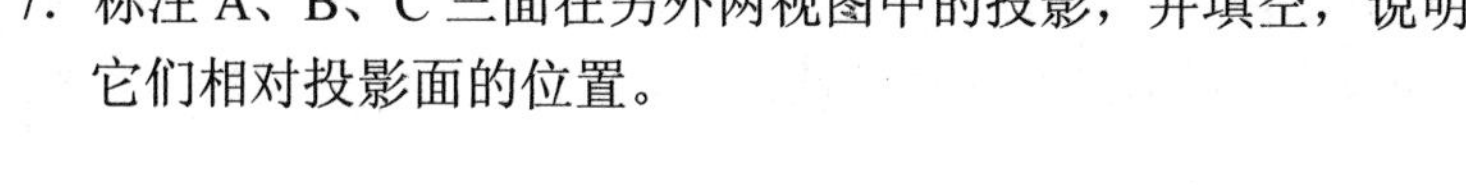

7．标注 A、B、C 三面在另外两视图中的投影，并填空，说明它们相对投影面的位置。

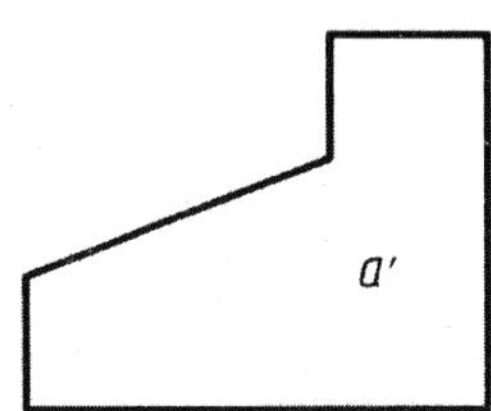

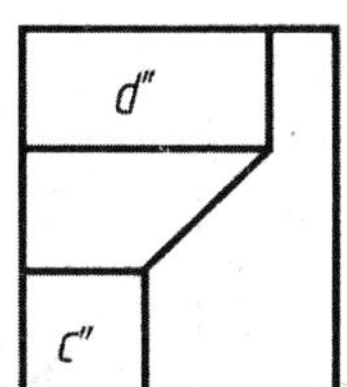

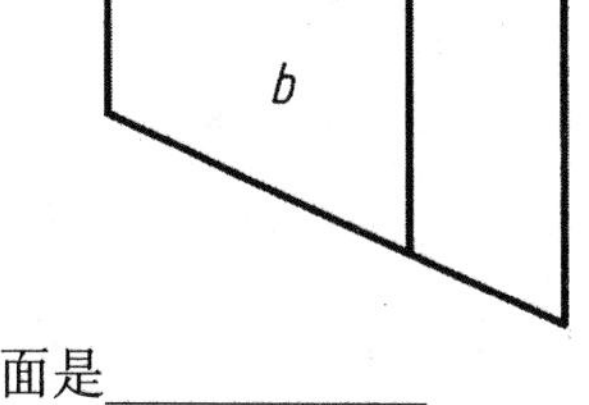

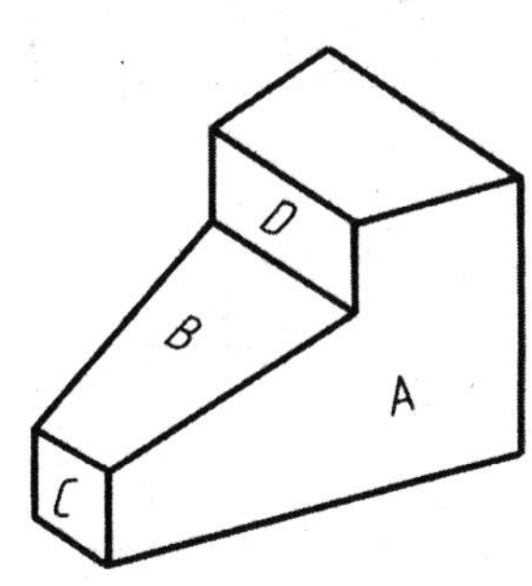

A 面是____________

B 面是____________

C 面是____________

D 面是____________

班级　　　　姓名　　　　学号

8．点的投影。

（1）按立体图作各点的三面投影

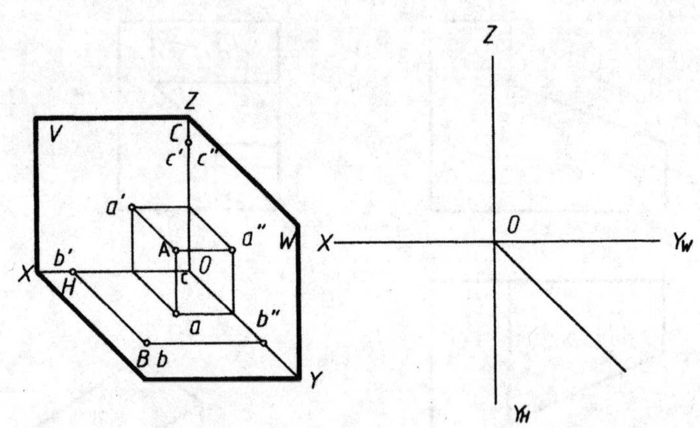

（2）作各点的三面投影：A（25,15,20），B（20,10,15），C 点在 A 点之左 15，A 点之前 10，A 点之上 13。

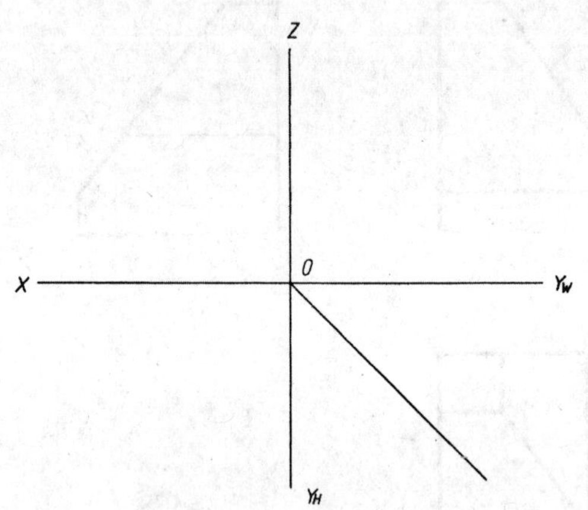

（3）点 A 位于点 B 之后、之下、之右皆为 10mm，求点 A 的三面投影。

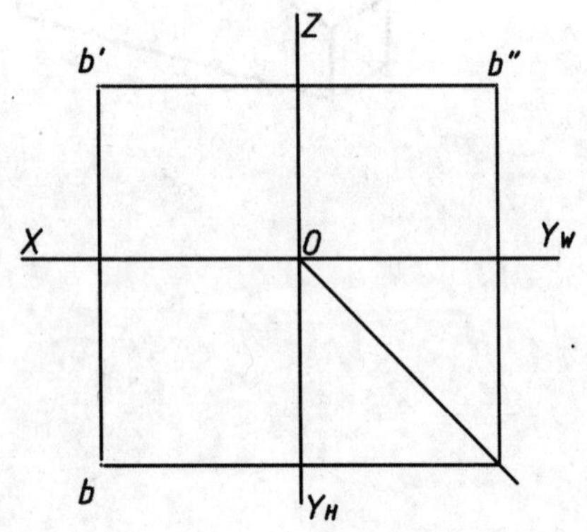

（4）已知：点 A 和点 B 与 V、W 面等距，并且点 A 在点 B 之下 10mm。求点 A 的三面投影。

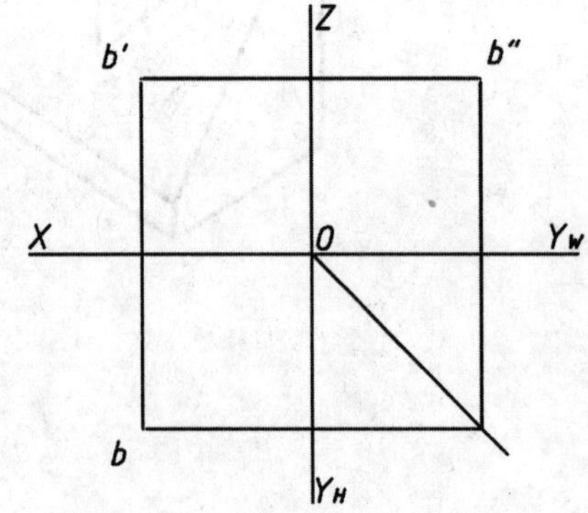

　　班级　　　　姓名　　　　学号

9. 直线的投影。

（1）求下列直线的第三投影，并判断它们的空间位置。

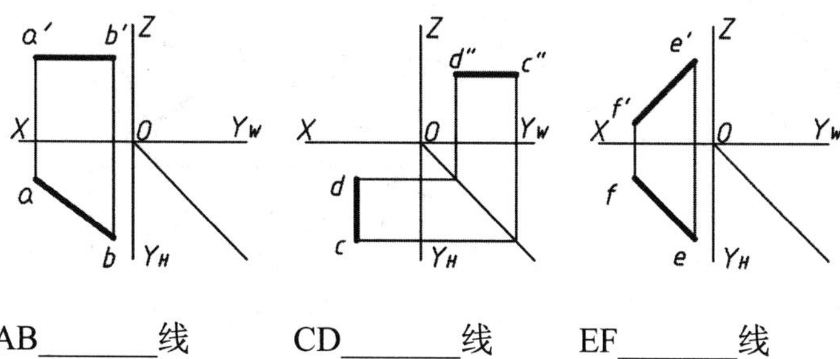

AB________线　　CD________线　　EF________线

（2）已知：点 C 在 AB 上，且 AC=10mm。求：点 C 的两投影。

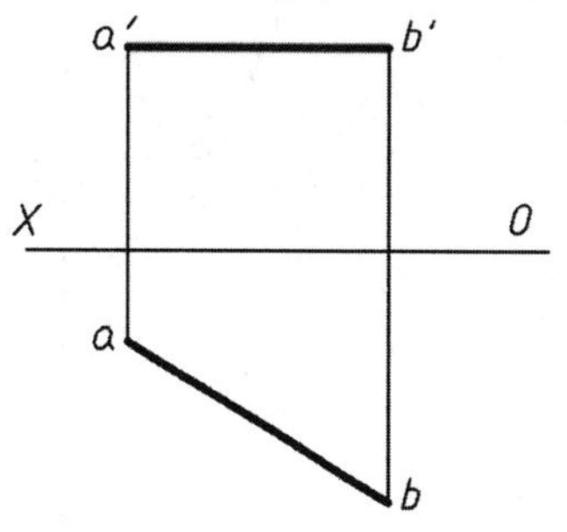

（3）已知：点 C 在 AB 上，且 AC∶CB=2∶1。求：点 C 的两投影。

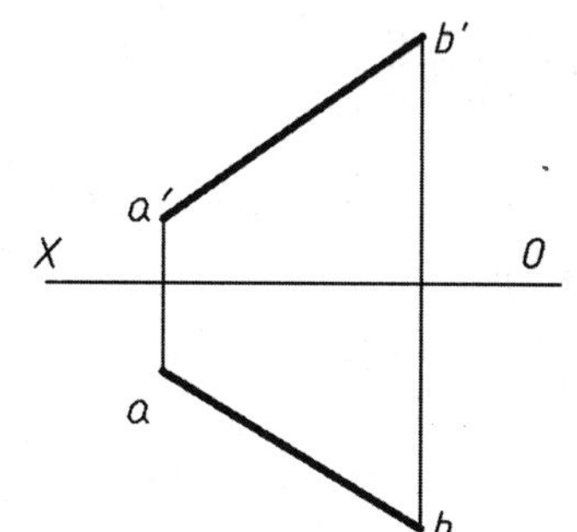

（4）分别判断下列两直线的相对位置。

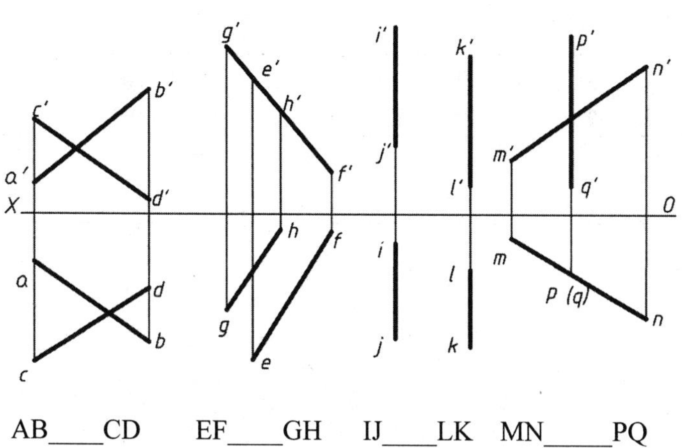

AB____CD　EF____GH　IJ____LK　MN_____PQ

（5）已知：直线 AB 平行 CD，且 CD=15mm。求：CD 的两面投影。

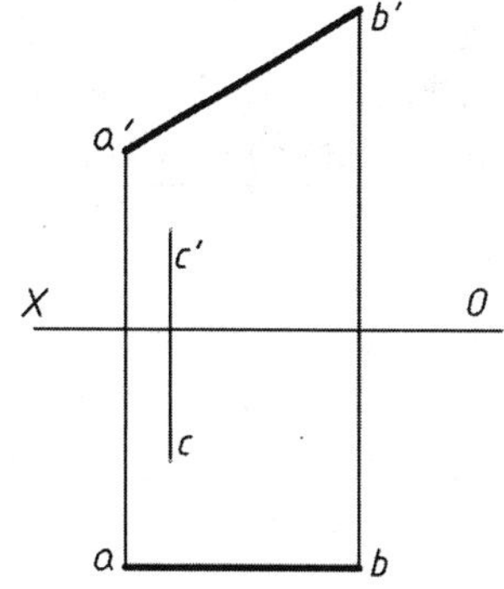

（6）作一水平线 MN 与下列三直线均相交。

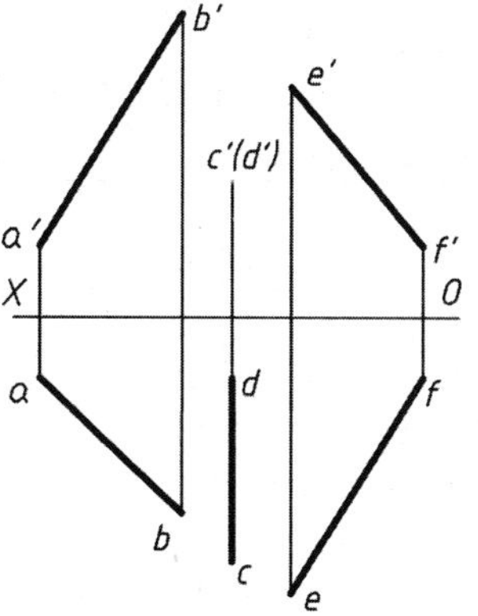

10．平面的投影。求下列平面的第三投影，并判断它们的空间位置。

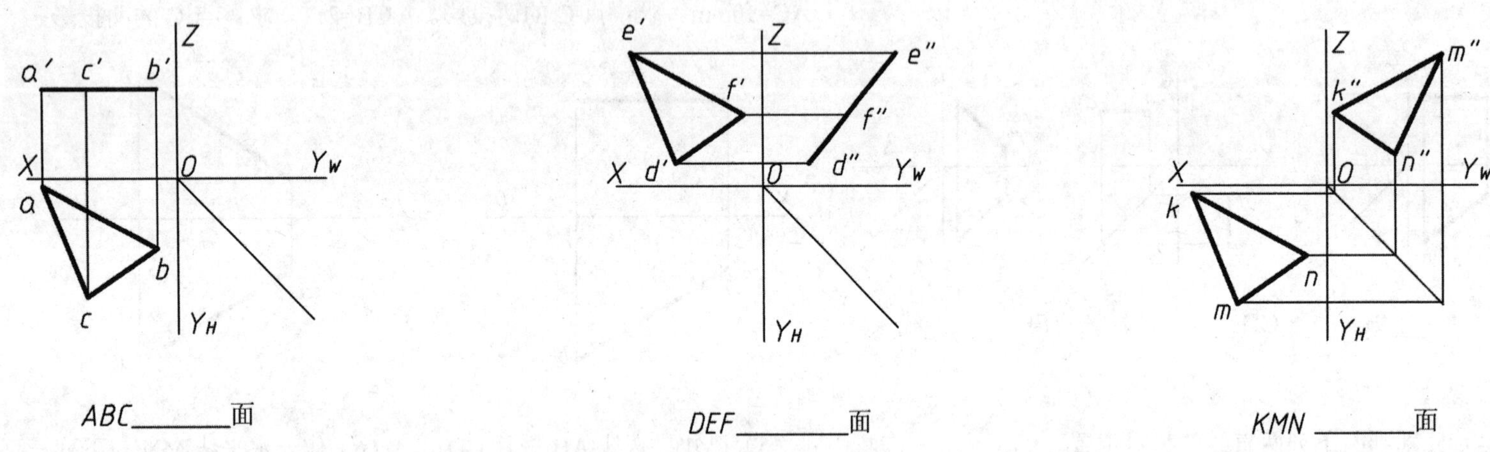

ABC________面　　　　DEF________面　　　　KMN ________面

11．学习评价

知识的理解（30 分）	技能的掌握（30 分）	学习态度（纪律、出勤、勤奋、认真、卫生、安全意识、积极性、任务单的学习情况等）（30 分）	团队精神（责任心、竞争、比学赶帮等）（10 分）	成绩（100 分）

　班级　　　　姓名　　　　学号

任务二　基本几何体的三视图

1．学习任务单

什么是平面立体？什么是曲面立体？	平面立体投影的作图步骤是什么？	棱柱表面上点的投影及可见性判断如何？	棱锥表面上点的投影及可见性判断如何？	曲面立体投影的作图步骤是什么？	圆柱表面上点的投影及可见性判断如何？	圆锥表面上点的投影及可见性判断如何？	球面上点的投影及可见性判断如何？

班级　　　　　　　　　　姓名　　　　　　　　　　学号

2. 根据主、俯视图选择正确的左视图。

（1）

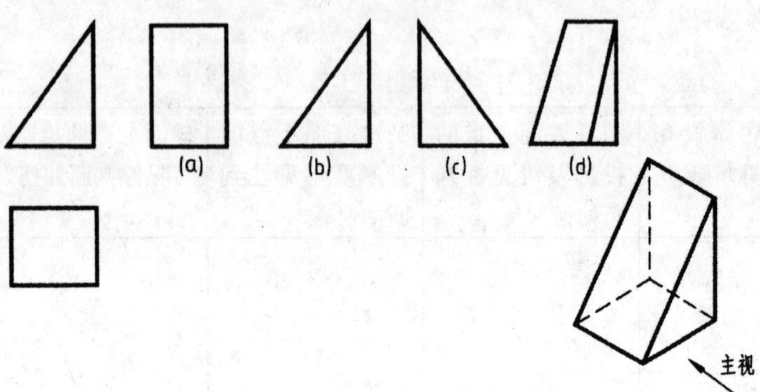

（2）

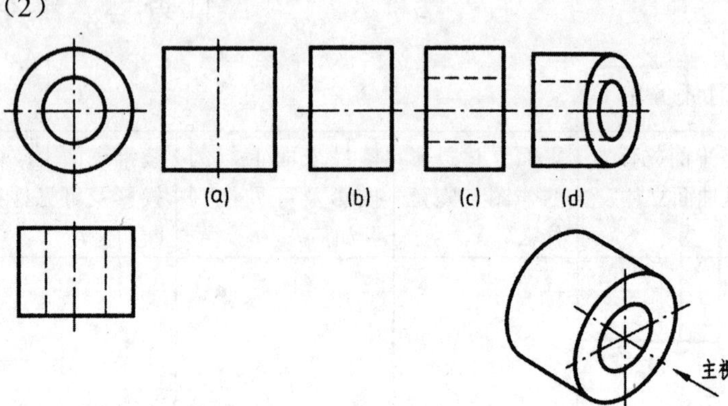

（3）

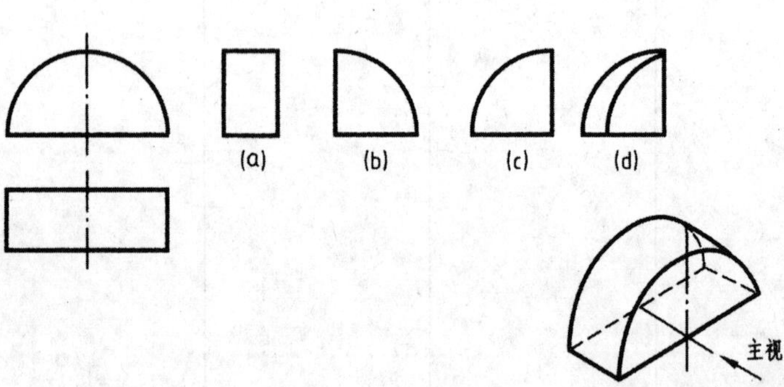

（4）

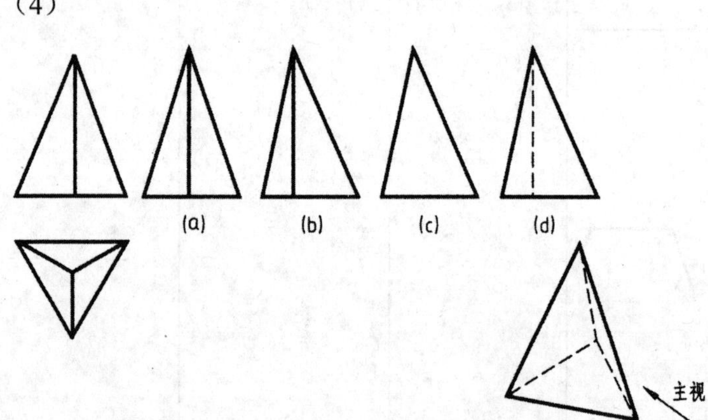

3．根据平面立体的两视图，补画第三视图。

（1）

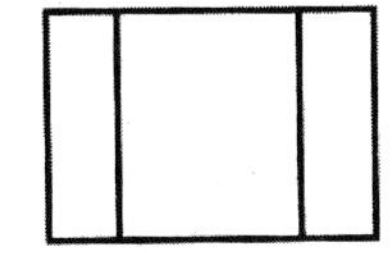

（2）

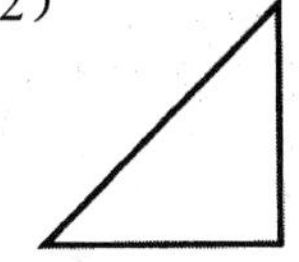

（3）

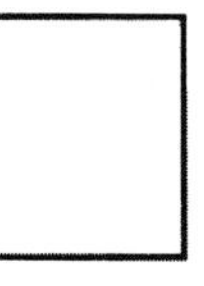

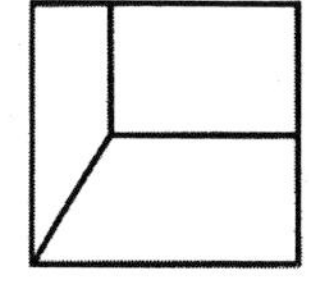

（4）

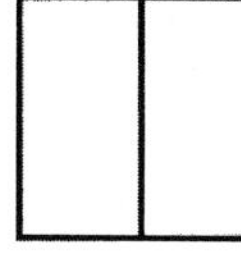

（5）

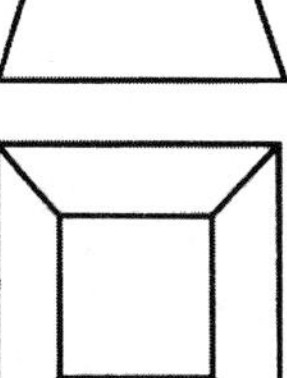

（6）

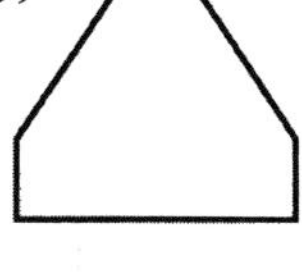

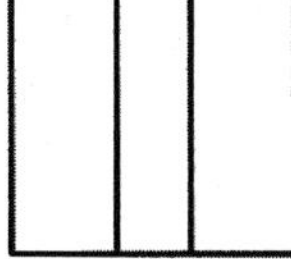

班级　　　　　　　　姓名　　　　　　　　学号

4. 根据曲面立体的两视图，补画第三视图。

（1）

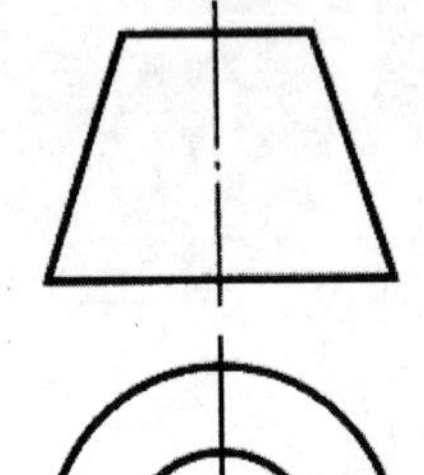

（2）

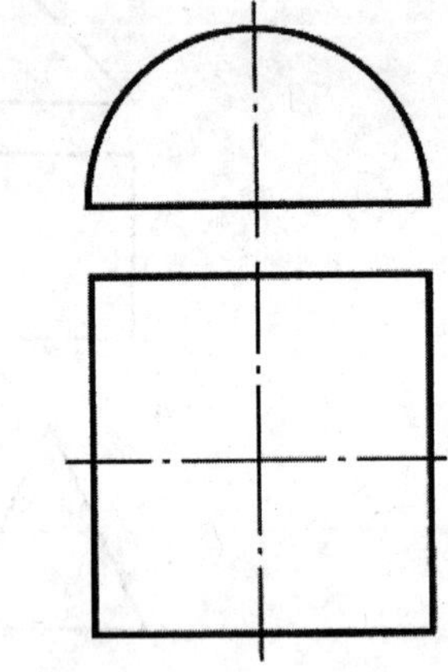

（3）

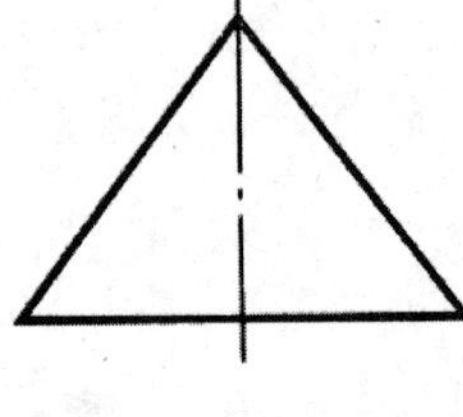

（4）

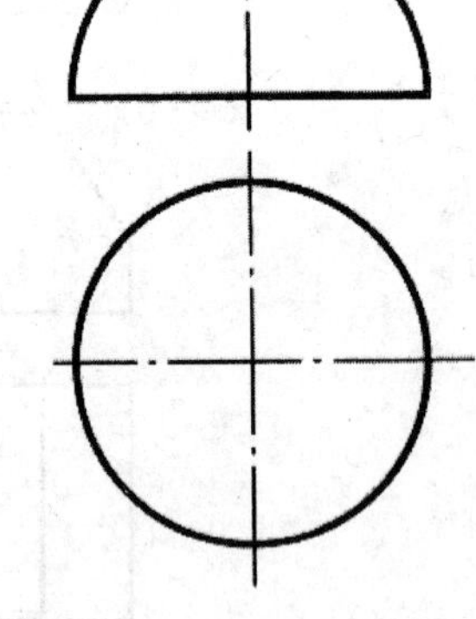

班级　　　　姓名　　　　学号

5．求作立体表面点的另两个投影。

（1）

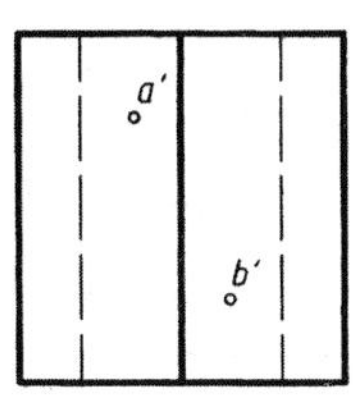

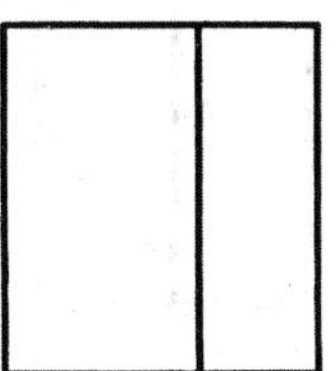

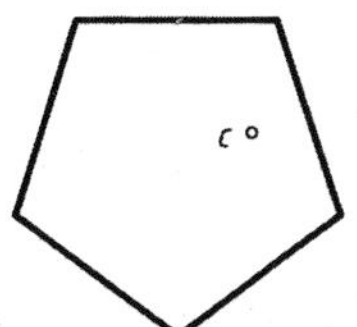

（2）

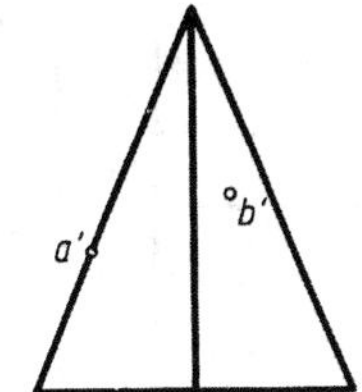

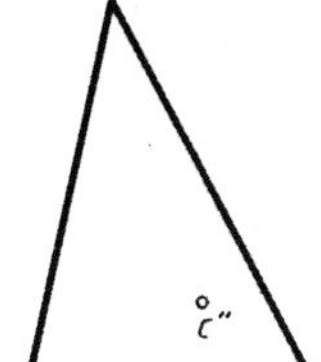

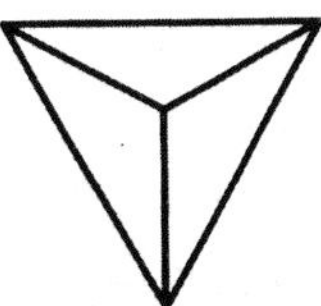

（3）

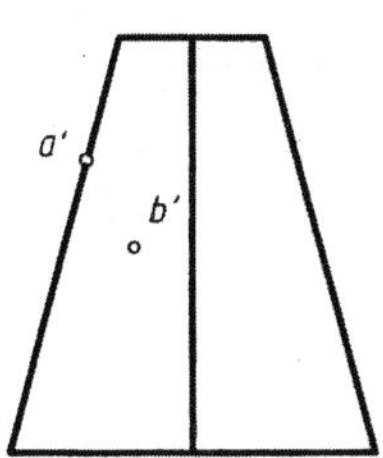

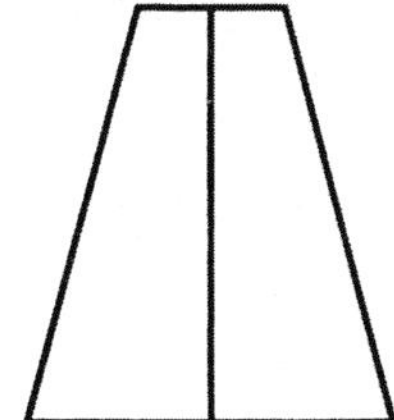

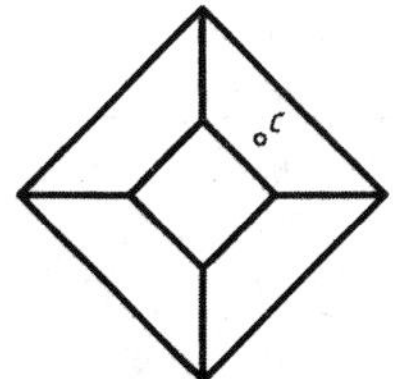

（4）

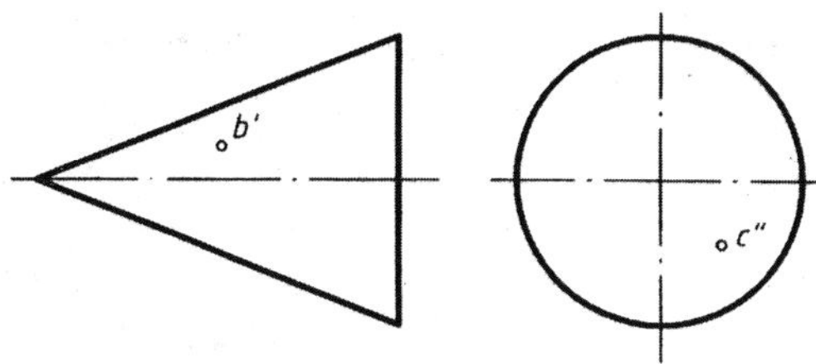

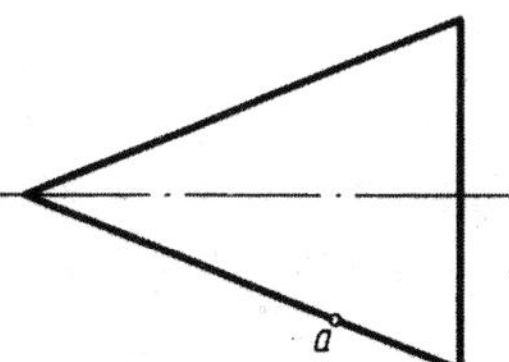

班级　　　　姓名　　　　学号

6．画出立体的第三面投影，并求表面上 A、B 两点的其余两投影，保留作图线。

（1）

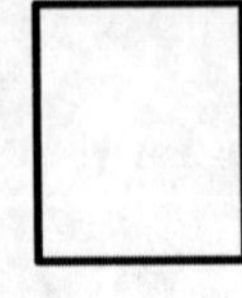

（2）

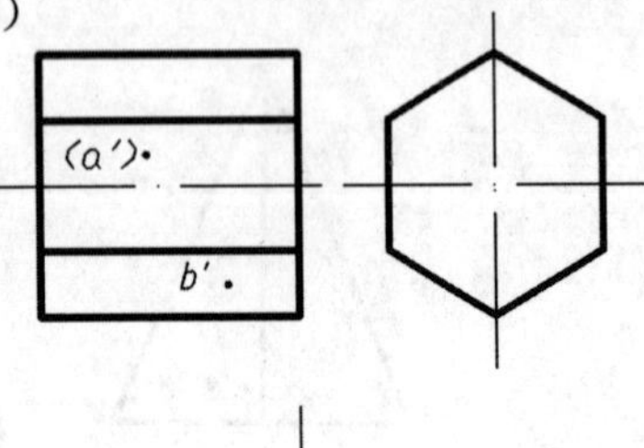

（3）

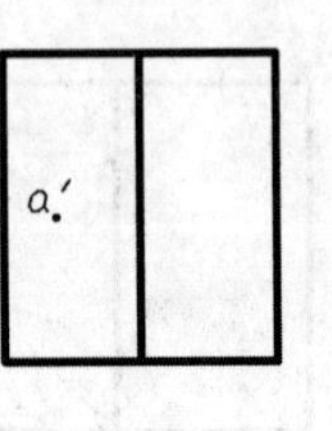

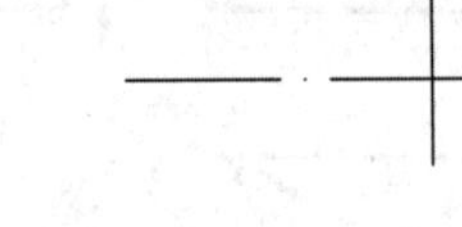

（4）

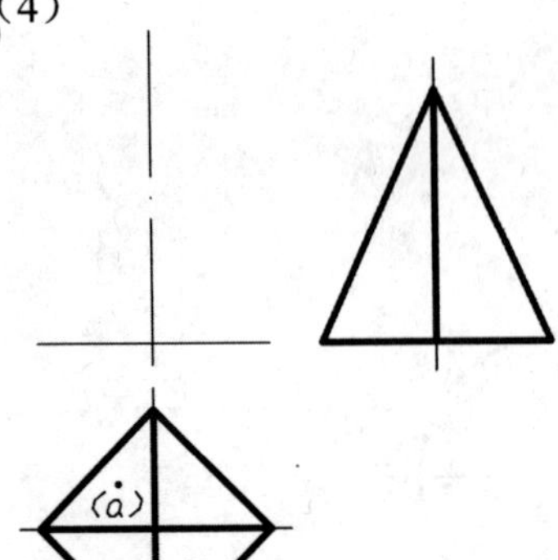

（5）

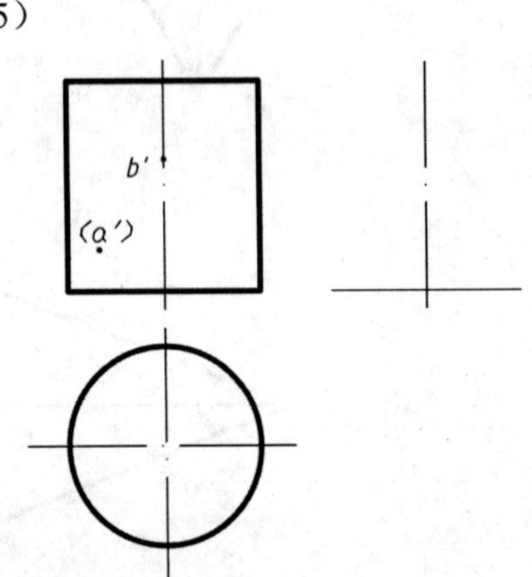

（6）

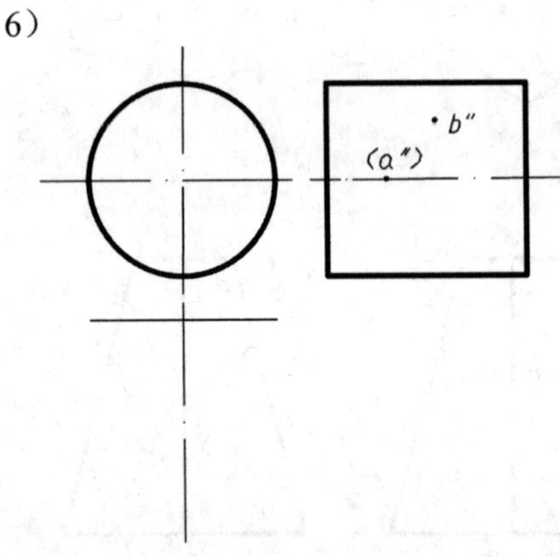

7．学习评价

知识的理解（30 分）	技能的掌握（30 分）	学习态度（纪律、出勤、勤奋、认真、卫生、安全意识、积极性、任务单的学习情况等）（30 分）	团队精神（责任心、竞争、比学赶帮等）（10 分）	成绩（100 分）

班级　　　　　　　　姓名　　　　　　　　学号

任务三　立体的截交线投影

1．学习任务单

截交线、截平面、截断面的概念是什么？	截交线的性质有哪些？	求平面立体截交线的方法和步骤是什么？	求曲面立体截交线的方法和步骤是什么？

班级　　　　　　　　　　姓名　　　　　　　　　　学号

2. 分析下列各平面立体的截交线，并补全平面立体的三面投影。

(1)

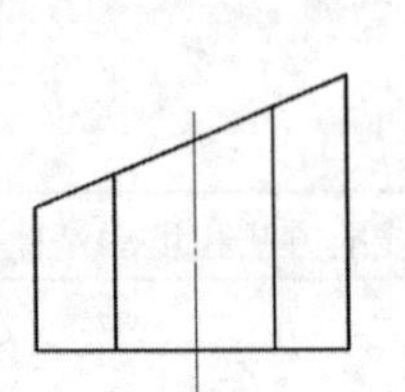
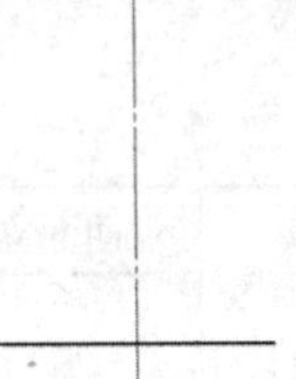
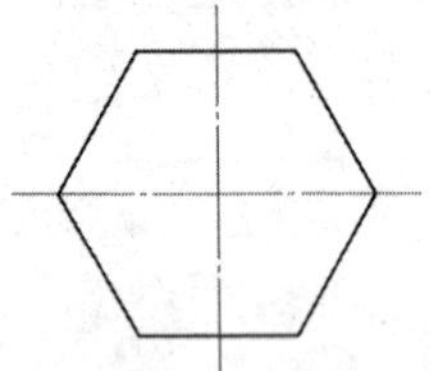

(2)

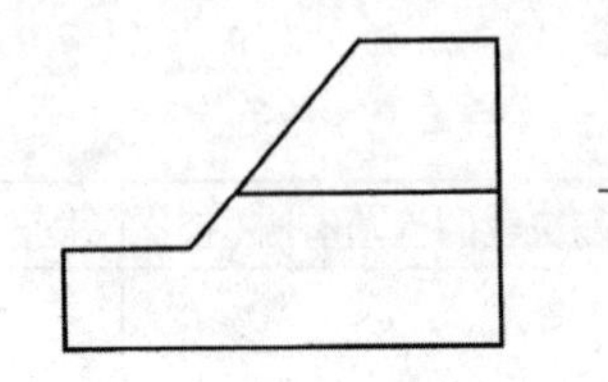
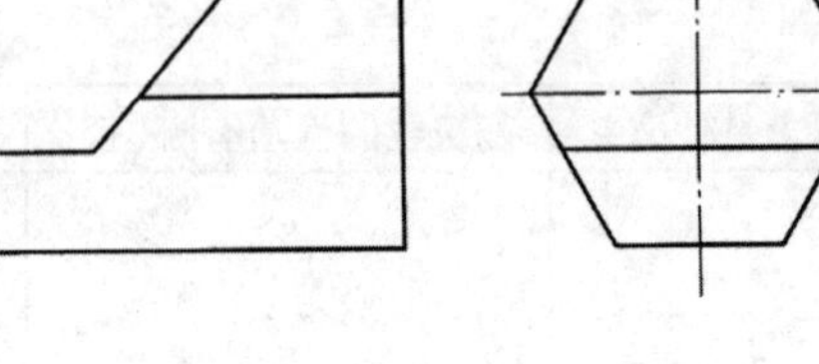
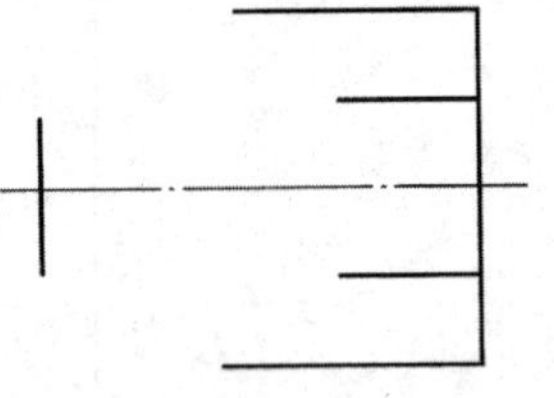
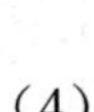

(3)

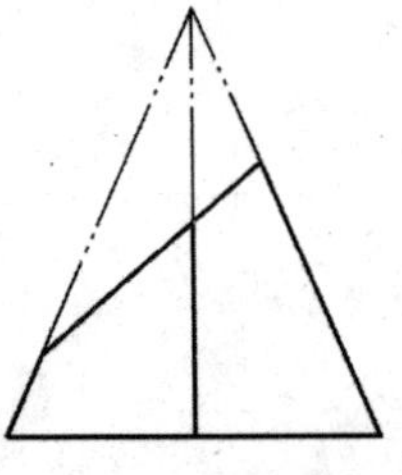
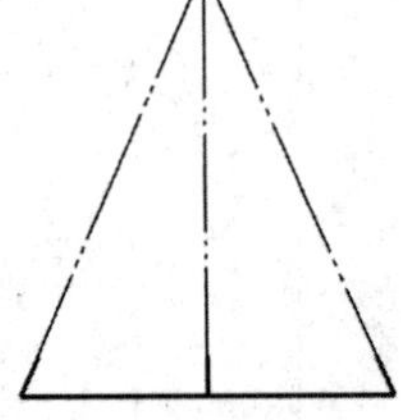
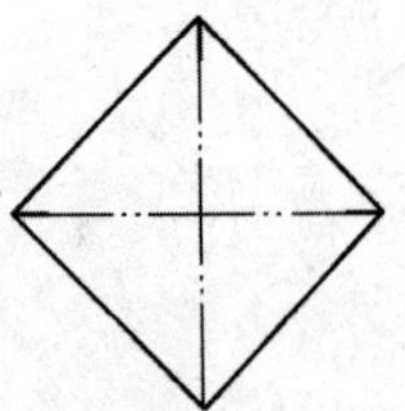

(4)

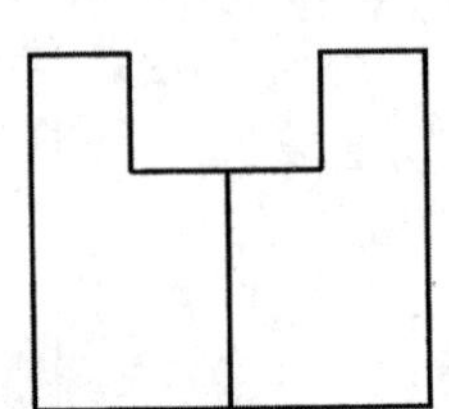
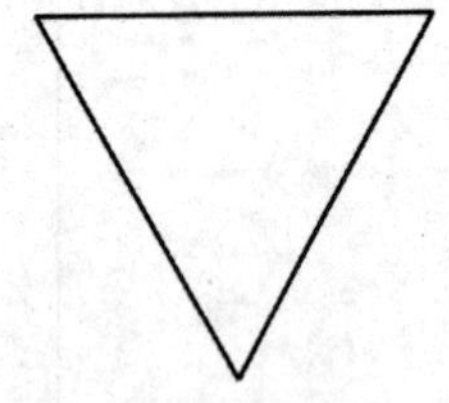

班级　　姓名　　学号

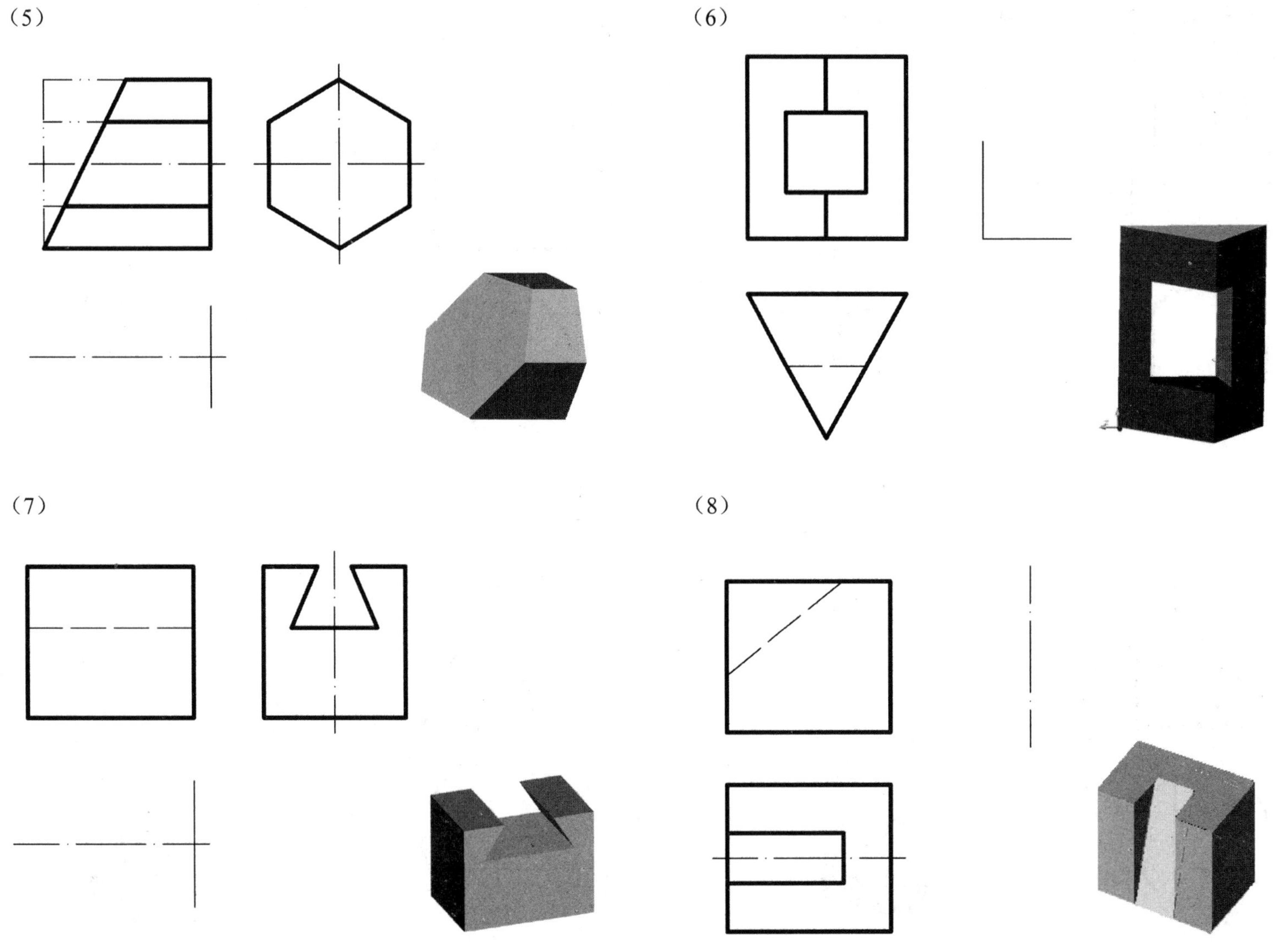

班级　　　　姓名　　　　学号

3．分析下列各曲面立体的截交线，并补全曲面立体的三面投影。

（1）

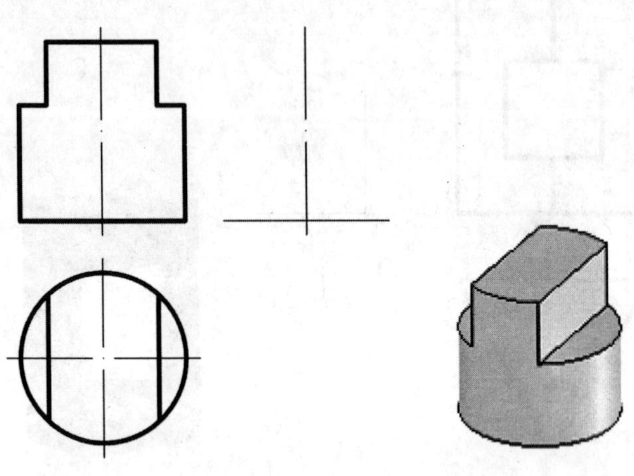

（2）

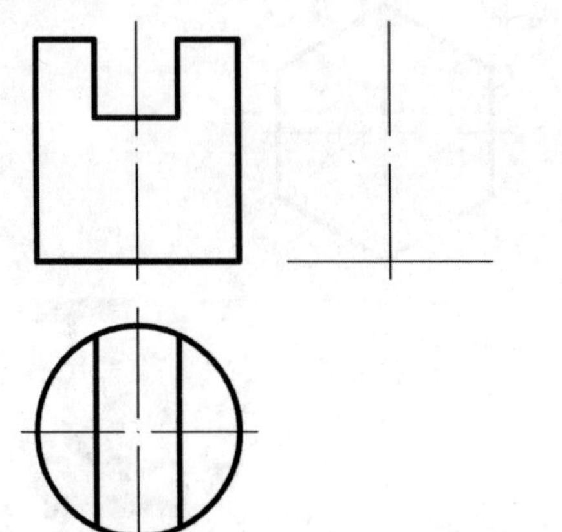

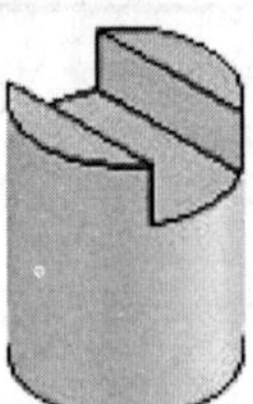

（3）

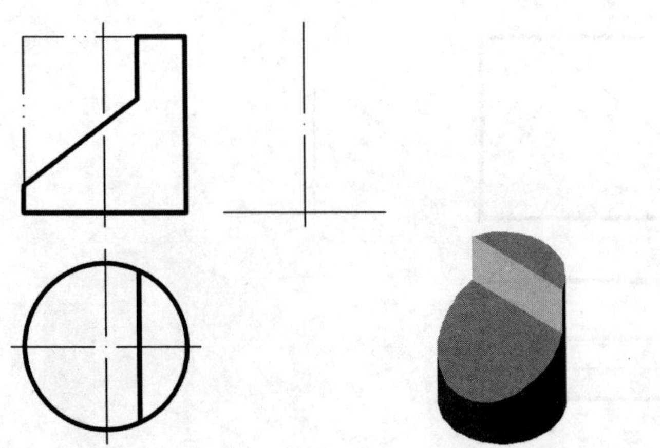

（4）

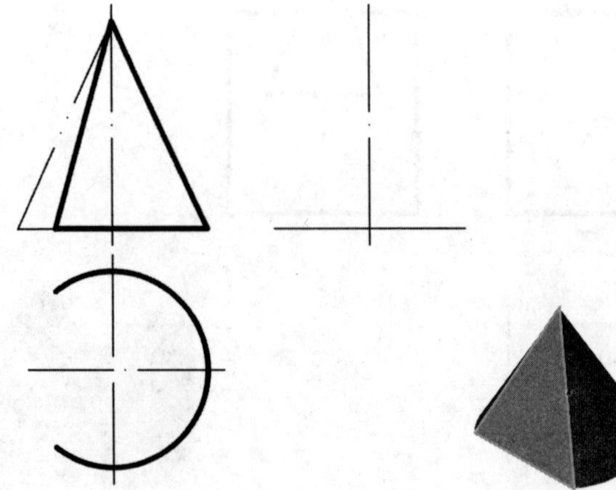

班级　　　　姓名　　　　学号

（5）

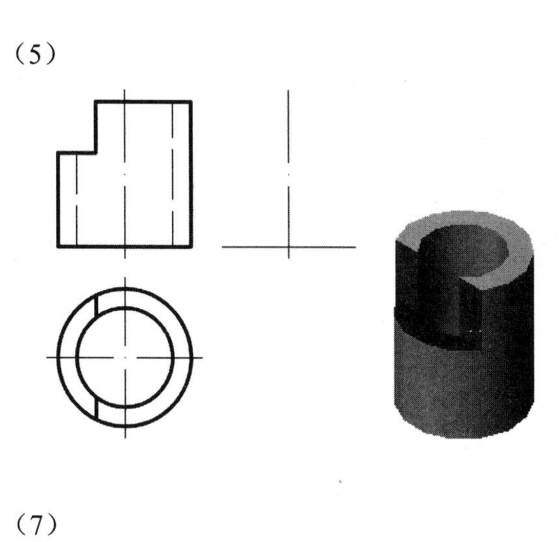

（6）

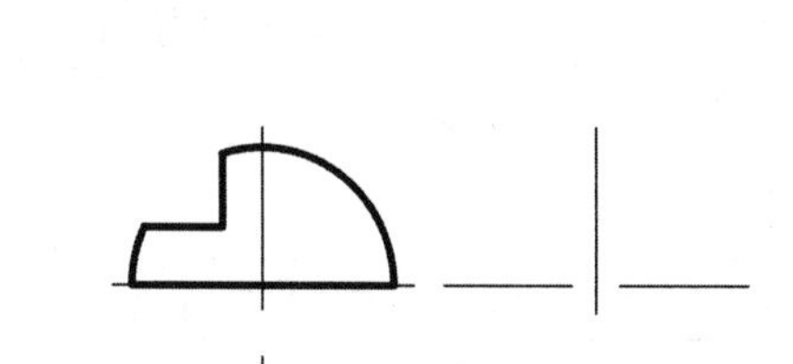

（7）

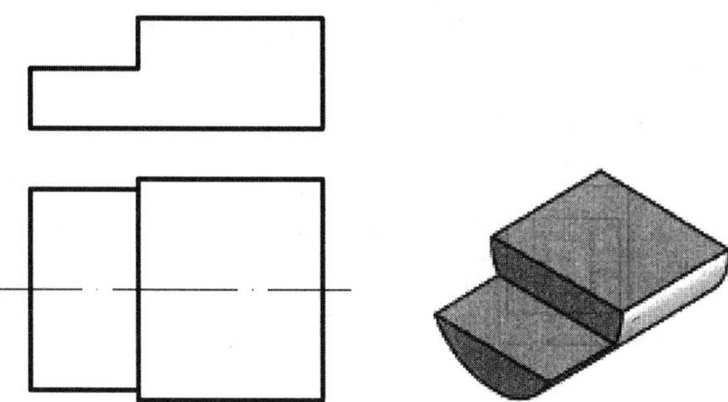

（8）

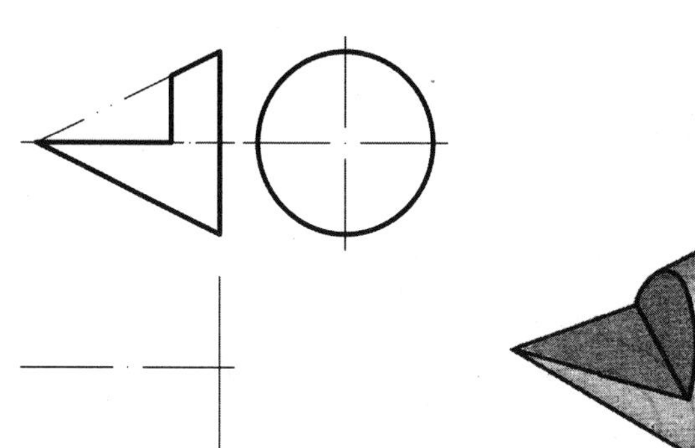

4．学习评价

知识的理解（30 分）	技能的掌握（30 分）	学习态度（纪律、出勤、勤奋、认真、卫生、安全意识、积极性、任务单的学习情况等）（30 分）	团队精神（责任心、竞争、比学赶帮等）（10 分）	成绩（100 分）

班级　　　　　　　　姓名　　　　　　　　学号

任务四　立体的相贯线投影

1. 学习任务单

相贯体、相贯、相贯线的概念是什么？	相贯线的性质有哪些？	求相贯线的方法和步骤如何？	如何判别相贯线的可见性？	相贯线的三种形式如何？

班级　　　　姓名　　　　学号

2．分析下列各曲面立体的相贯线，并补全各面投影。

（1）

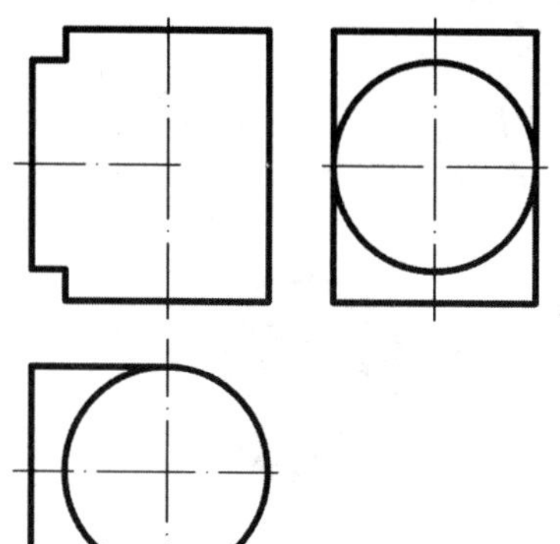

（2）

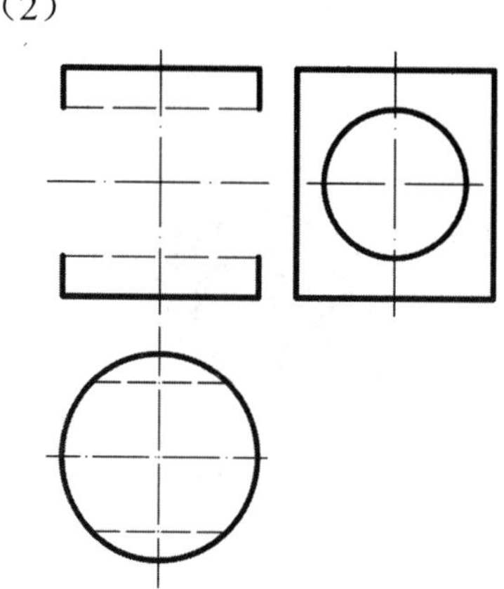

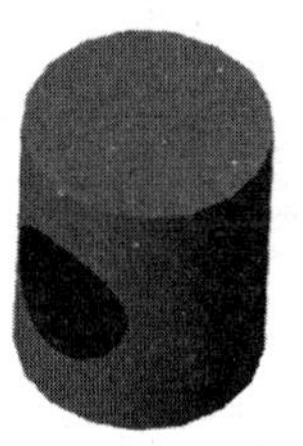

（3）

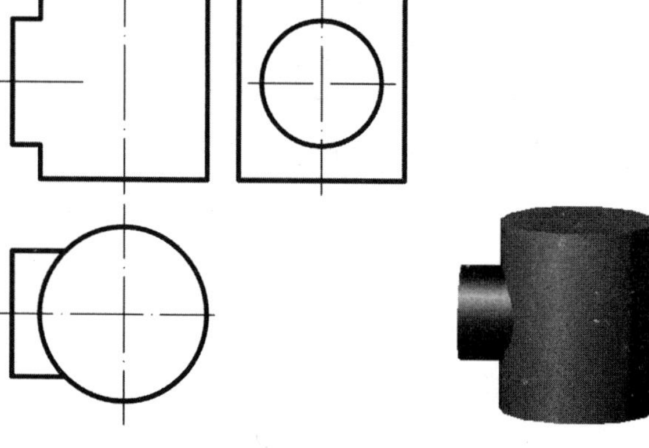

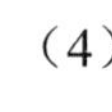

（4）

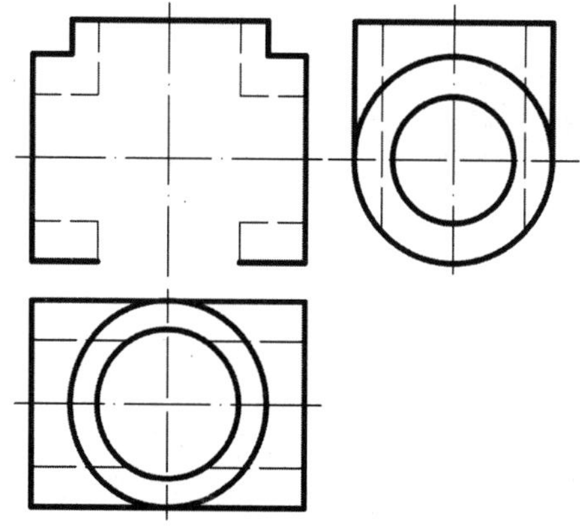

班级　　　　　　　　姓名　　　　　　　　学号

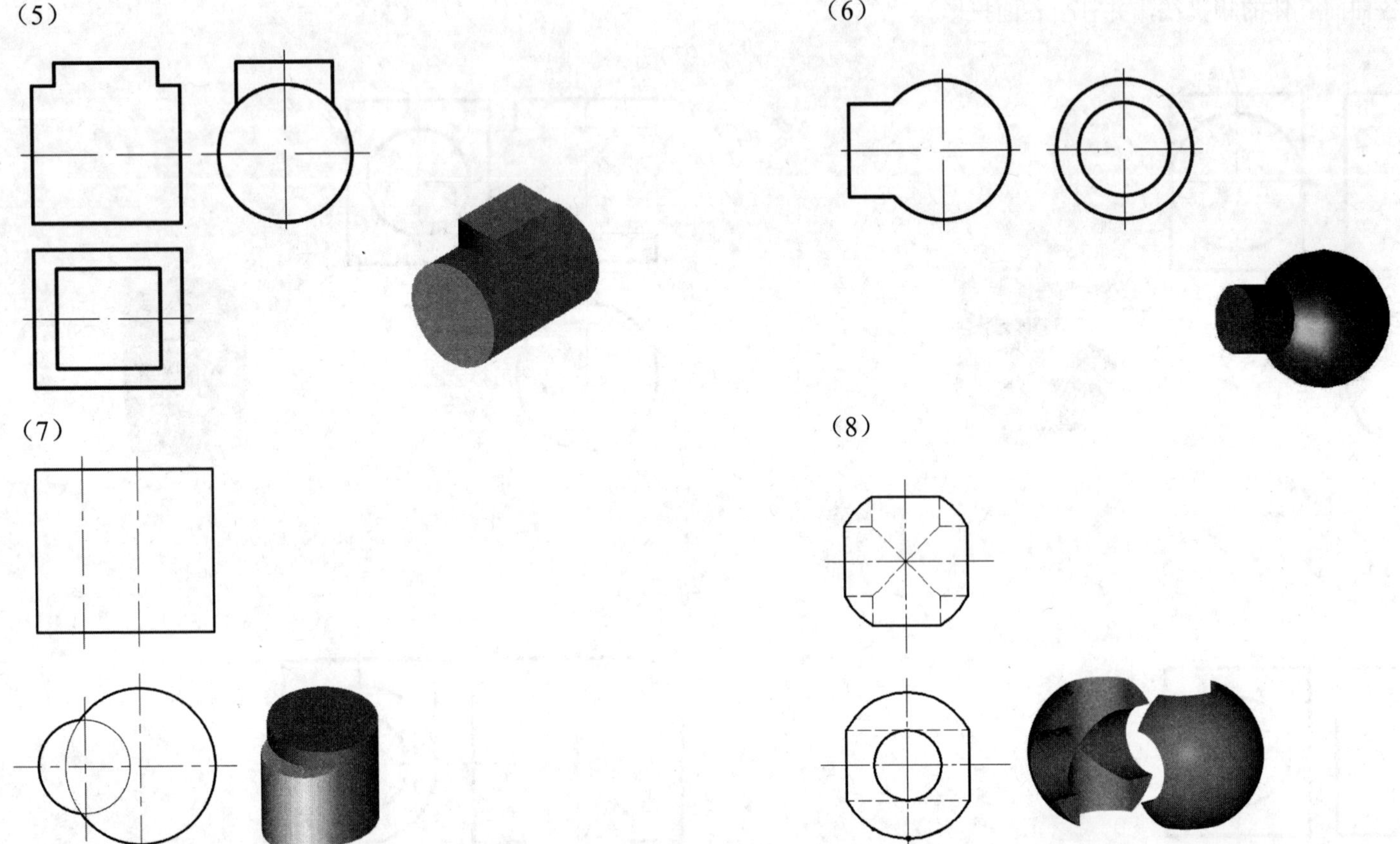

3．学习评价

知识的理解（30 分）	技能的掌握（30 分）	学习态度（纪律、出勤、勤奋、认真、卫生、安全意识、积极性、任务单的学习情况等）（30 分）	团队精神（责任心、竞争、比学赶帮等）（10 分）	成绩（100 分）

班级　　　　姓名　　　　学号

项目三　组合体视图的识绘

任务一　组合体的组合形式

1．学习任务单

组合体的组合形式有哪些？	组合体表面间的相对位置关系有哪些？	形体分析法的概念是什么？	线面分析法的概念是什么？

2．分析下列图形，并在括号内填入相应的组合形式。

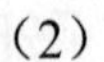

（1）

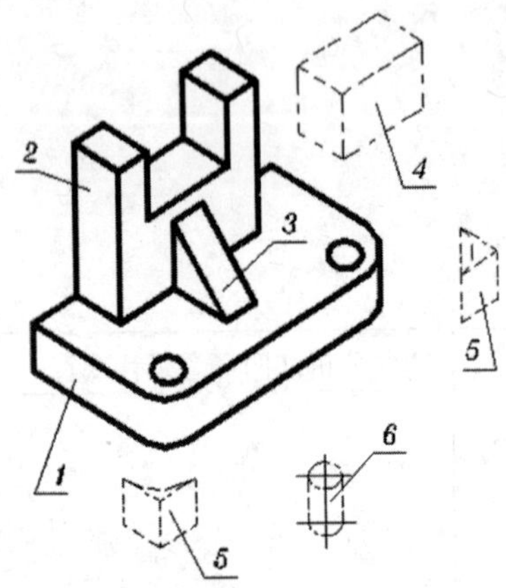

组合形式（　　　　）。

（2）

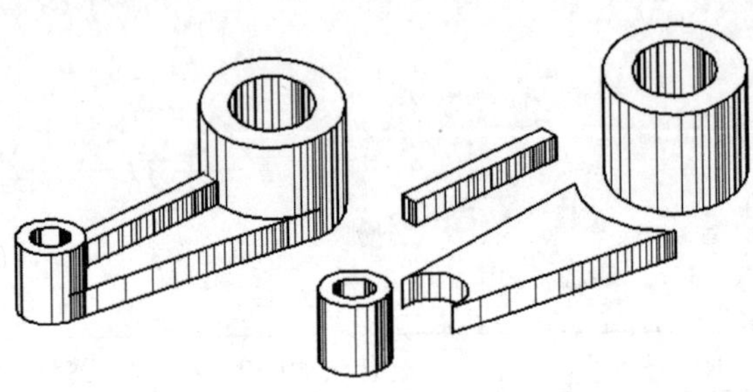

组合形式（　　　　）。

（3）

组合形式（　　　　）。

（4）

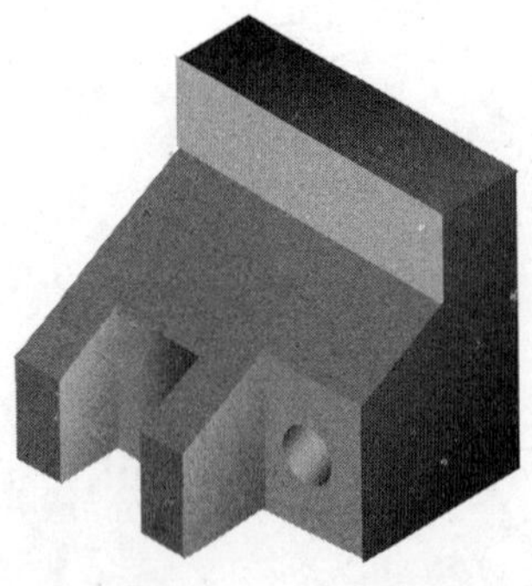

组合形式（　　　　）。

3．指出下列图形的表面连接情况。

（1）

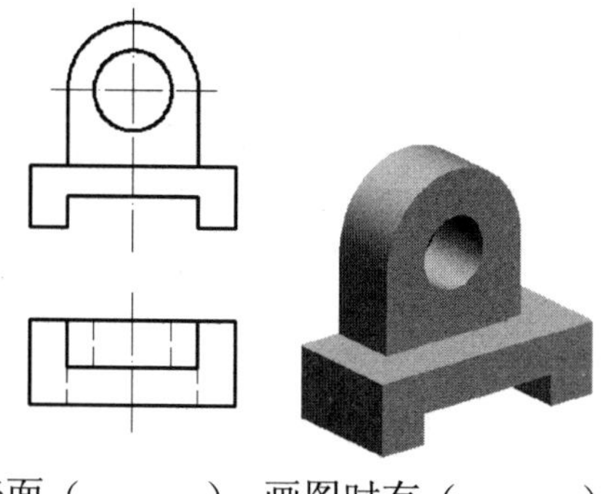

表面（　　　），画图时有（　　　）。

（2）

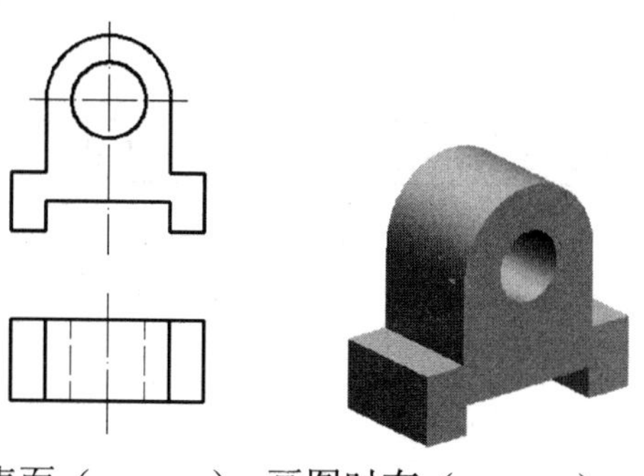

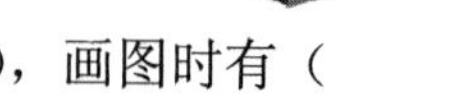

表面（　　　），画图时有（　　　）。

（3）

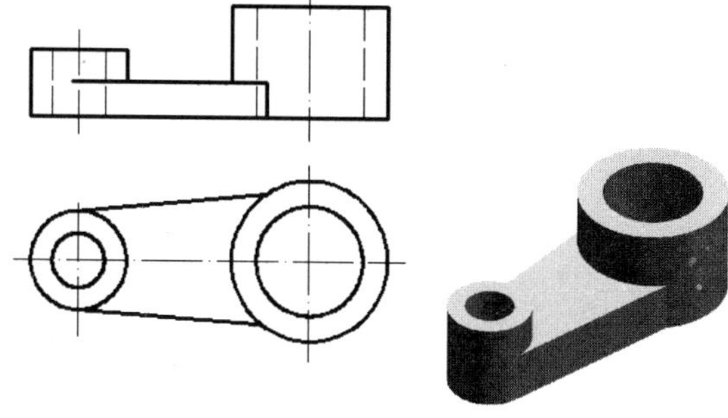

两形体（　　　），相交处（　　　　　　　　　）。

（4）

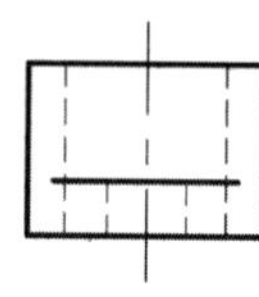

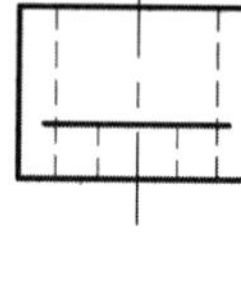

两形体（　　　），相切处应（　　　　　　　　　）。

4．学习评价

知识的理解（30 分）	技能的掌握（30 分）	学习态度（纪律、出勤、勤奋、认真、卫生、安全意识、积极性、任务单的学习情况等）（30 分）	团队精神（责任心、竞争、比学赶帮等）（10 分）	成绩（100 分）

班级　　　　　　　　　　姓名　　　　　　　　　　学号

任务二　组合体视图的绘制

1．学习任务单

形体分析法画组合体的步骤是什么？	线面分析法画组合体的步骤是什么？	什么情况下用形体分析法画组合体？	什么情况下用线面分析法画组合体？

班级　　姓名　　学号

2．由三视图想象物体的形状，并在三视图的括号内填上与立体图相对应的编号。

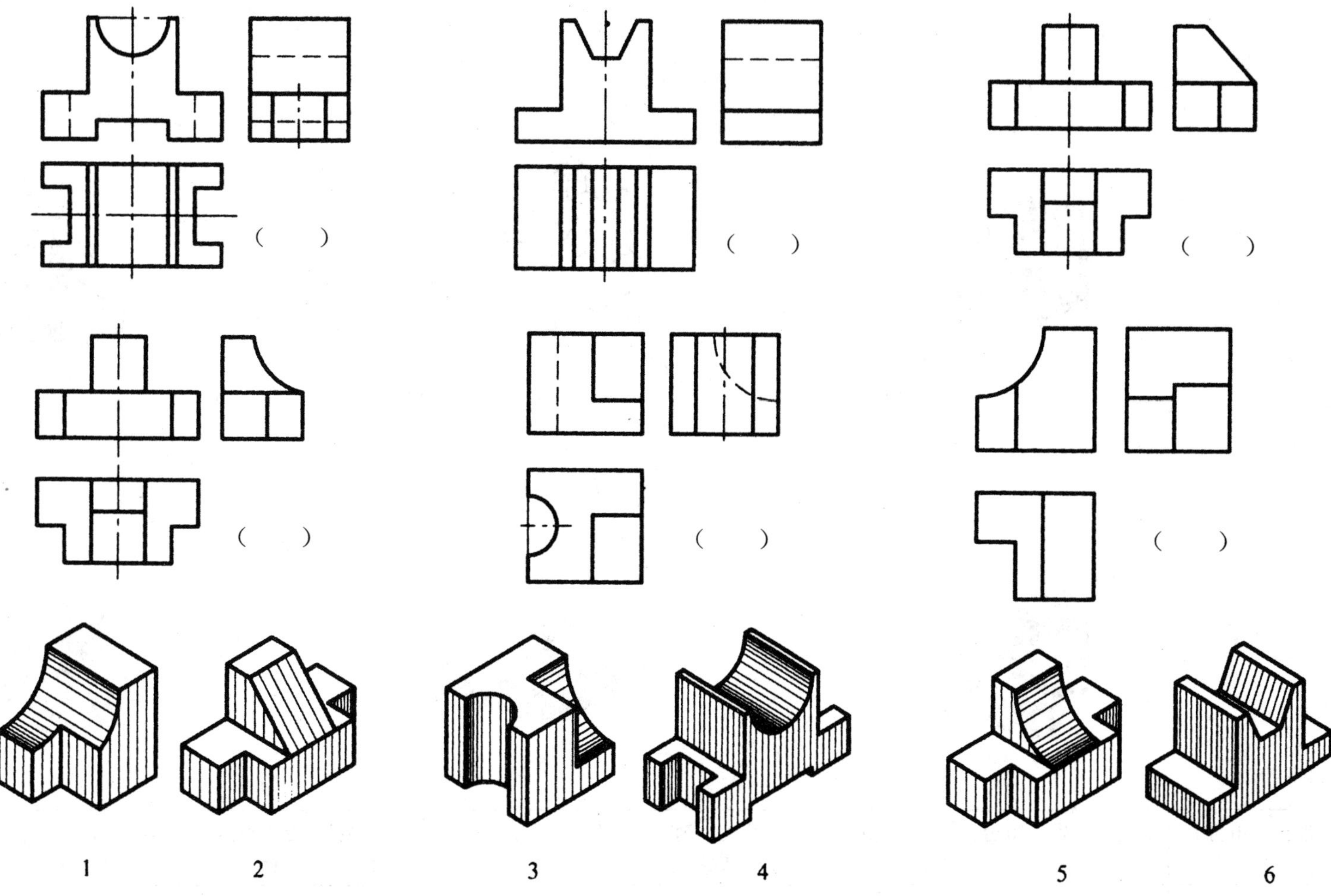

班级　　　　　　　　　　　　姓名　　　　　　　　　　　　学号

3．画出下列立体图形的三视图，尺寸由立体图量取。

（1）

（2）

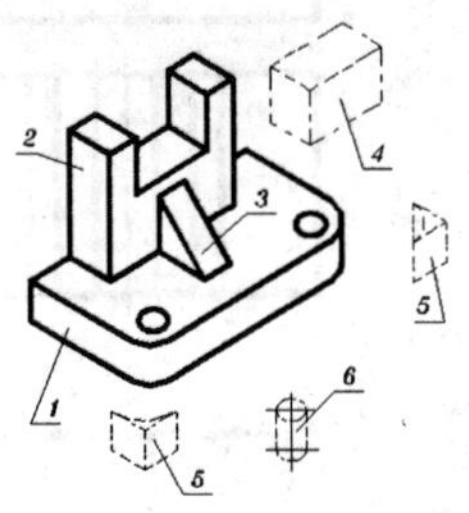

（3）

（4）

（5）

（6）

4．学习评价

知识的理解（30 分）	技能的掌握（30 分）	学习态度（纪律、出勤、勤奋、认真、卫生、安全意识、积极性、任务单的学习情况等）（30 分）	团队精神（责任心、竞争、比学赶帮等）（10 分）	成绩（100 分）

班级 姓名 学号

任务三　组合体视图的识读

1．学习任务单

读组合体的要领如何？	读组合体的基本方法有哪些？	形体分析法读组合体的步骤是什么？	线面分析法读组合体的步骤是什么？	读组合体时，什么情况下用形体分析法？什么情况下用线面分析法？

班级　　　　姓名　　　　学号

2．找出下列图中组合体各部分的投影，并判断相对位置，将同一部分的序号填写在空白圆圈内；将相对位置填写在三视图右下角的空白圆圈内。

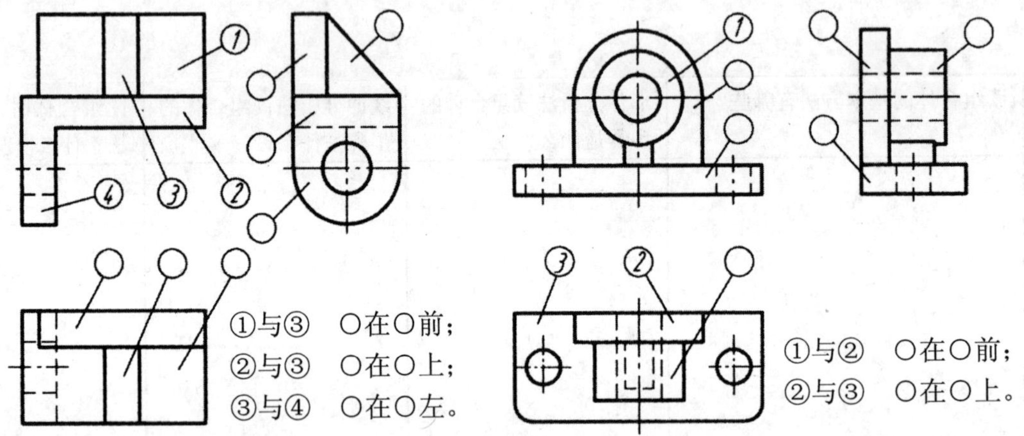

3．在如下三视图中，从左视图可看出，物体分为（　　）部分，A 为（　　）；B 的特征形状可从（　　）视图看出，对应的立体图是（　　）；C 的特征形状可从（　　）视图看出，对应的立体图是（　　）。

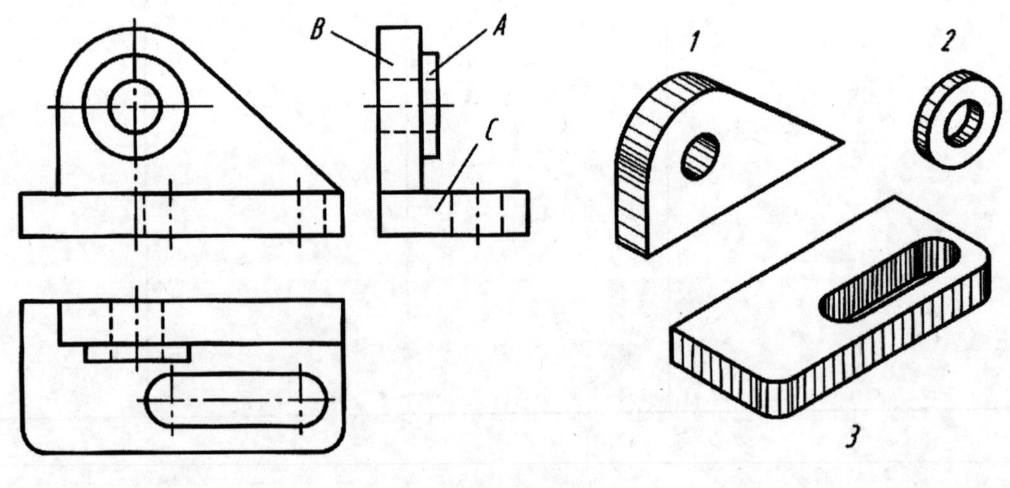

4．用形体分析法读组合体视图，并填空。

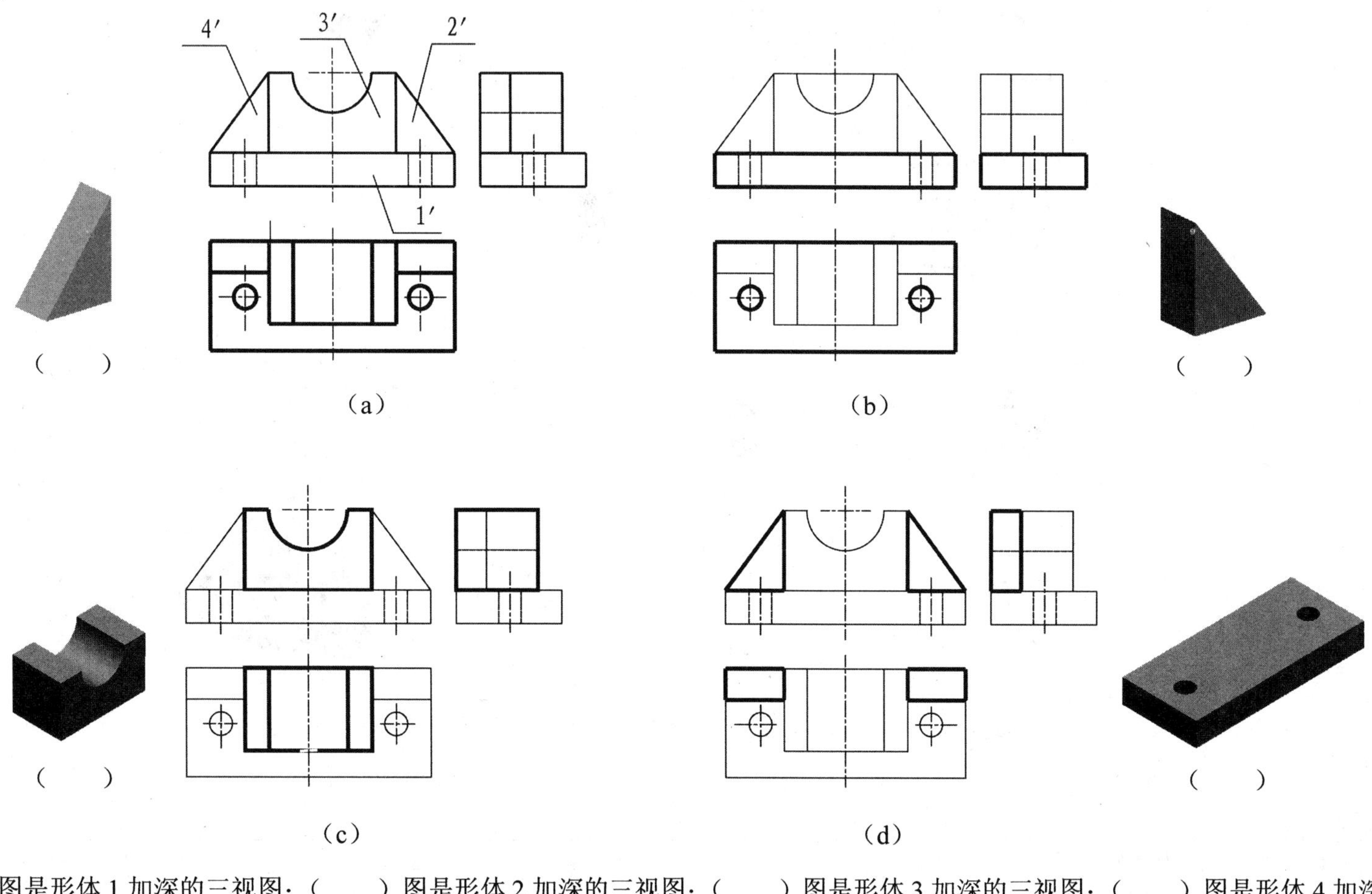

（　　）图是形体 1 加深的三视图；（　　）图是形体 2 加深的三视图；（　　）图是形体 3 加深的三视图；（　　）图是形体 4 加深的三视图，并在立体图下面标出相应的序号，此组合体是（　　）体。

5．用线面分析法读组合体视图，并填空。

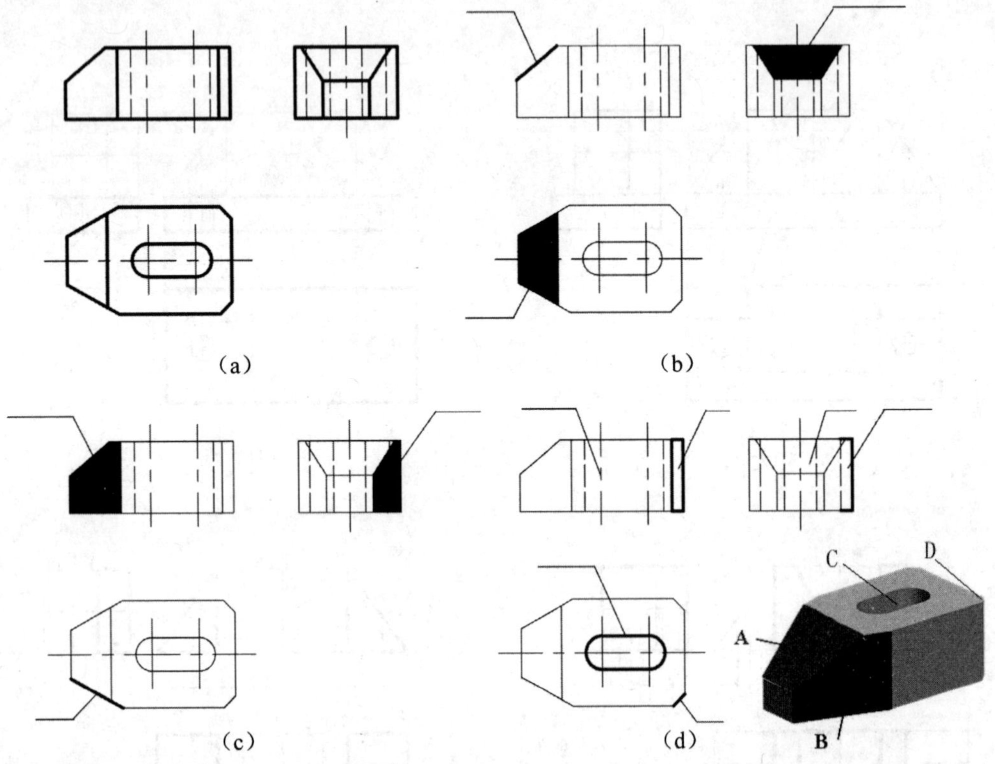

（a）（b）（c）（d）

在（b）、（c）、（d）各图中，标出立体图所标记字母的相应面的三视图投影（将投影字母标在横线上）；其中 A 是（　　）面；B 是（　　）面；D 是（　　）面；此组合体是（　　）体。

6．学习评价

知识的理解（30 分）	技能的掌握（30 分）	学习态度（纪律、出勤、勤奋、认真、卫生、安全意识、积极性、任务单的学习情况等）（30 分）	团队精神（责任心、竞争、比学赶帮等）（10 分）	成绩（100 分）

　　班级　　　　姓名　　　　学号

任务四　组合体视图的尺寸标注

1．学习任务单

标注组合体视图尺寸的基本要求如何？	怎么标注基本体的尺寸？	怎么标注切割体和相贯体的尺寸？	什么是组合体尺寸标注中的定位尺寸、定形尺寸、尺寸基准、总体尺寸？	组合体的尺寸标注的要求有哪些？	标注尺寸应注意的问题有哪些？	标注组合体尺寸的步骤和方法是什么？

班级　　　　　　　　　　　　姓名　　　　　　　　　　　　学号

2．标注漏标的尺寸，并用箭头指明主要尺寸基准。

（1）

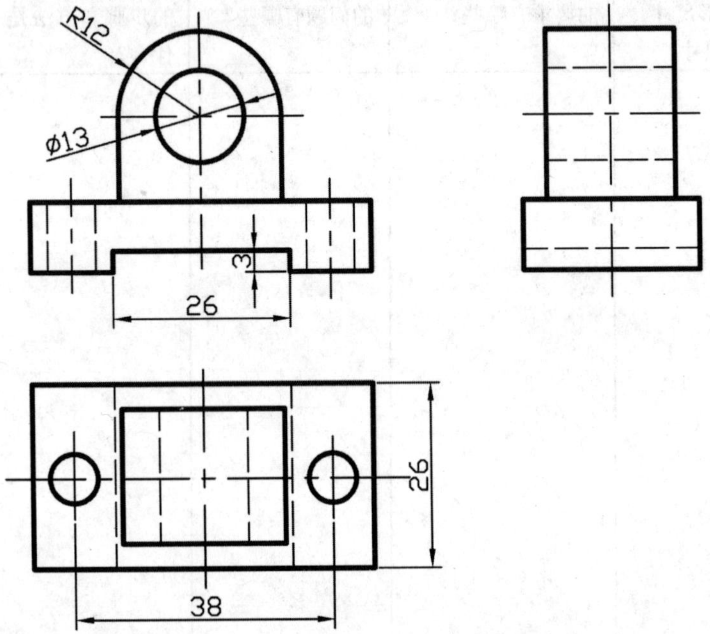

R12
ϕ13
3
26
26
38

（2）

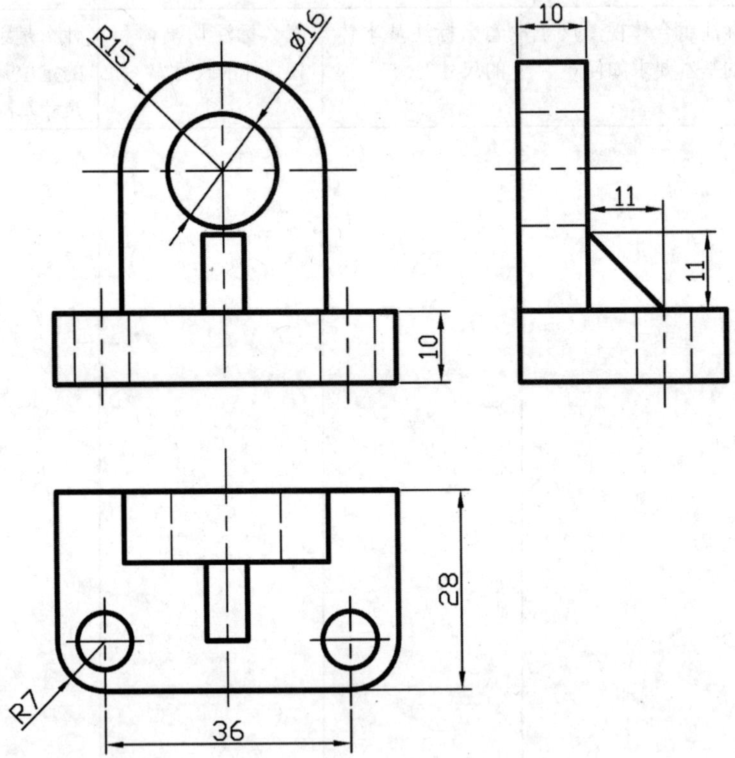

R15
ϕ16
10
11
11
10
28
R7
36

3．已知主、俯视图，补画左视图，并标注尺寸。（大作业二：在完成此题的基础上，用 A4 纸画出下图的三视图，两图任选一）

（1）

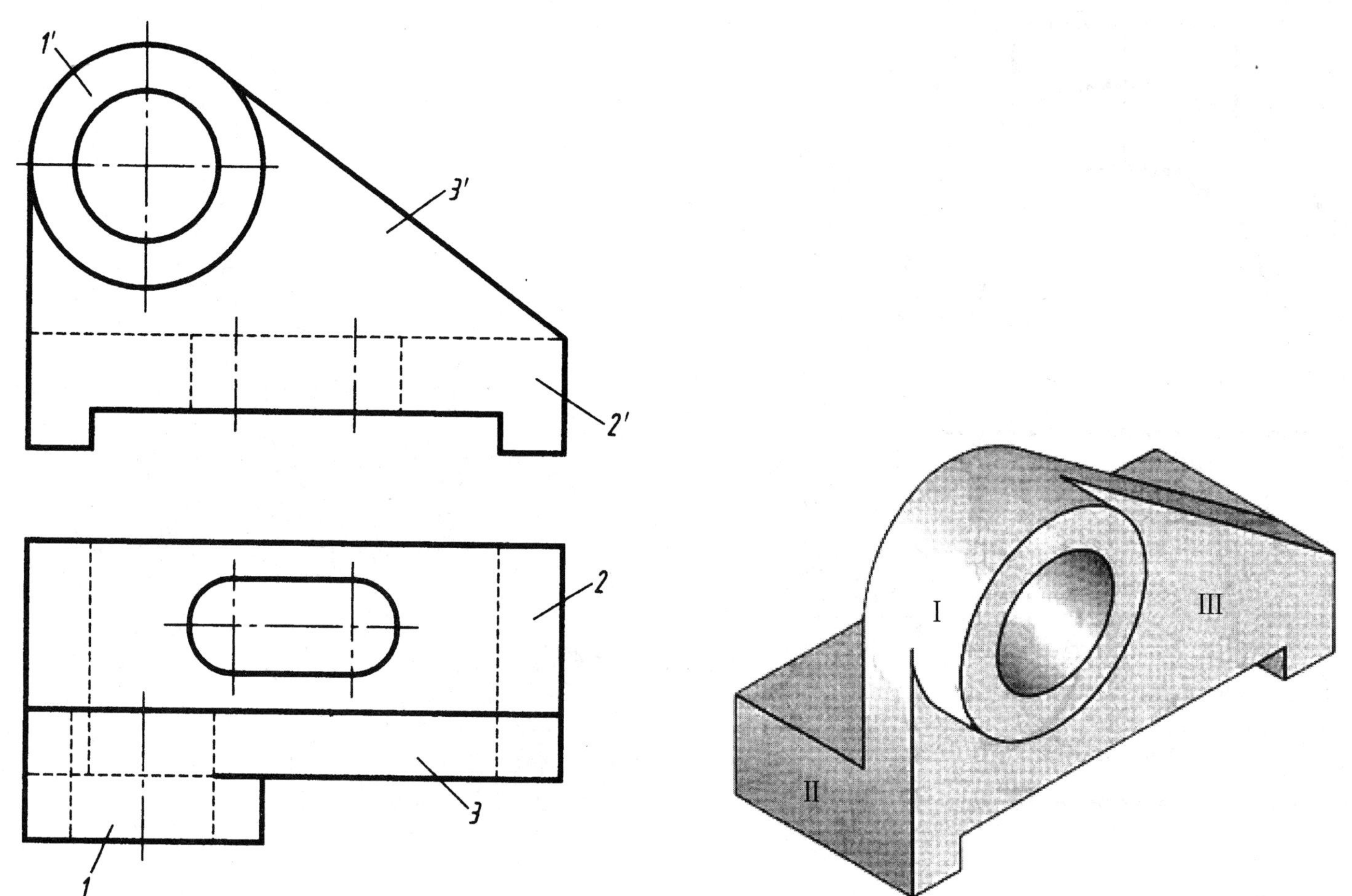

班级　　　　　　　　　　　　　　姓名　　　　　　　　　　　　　　学号

（2）

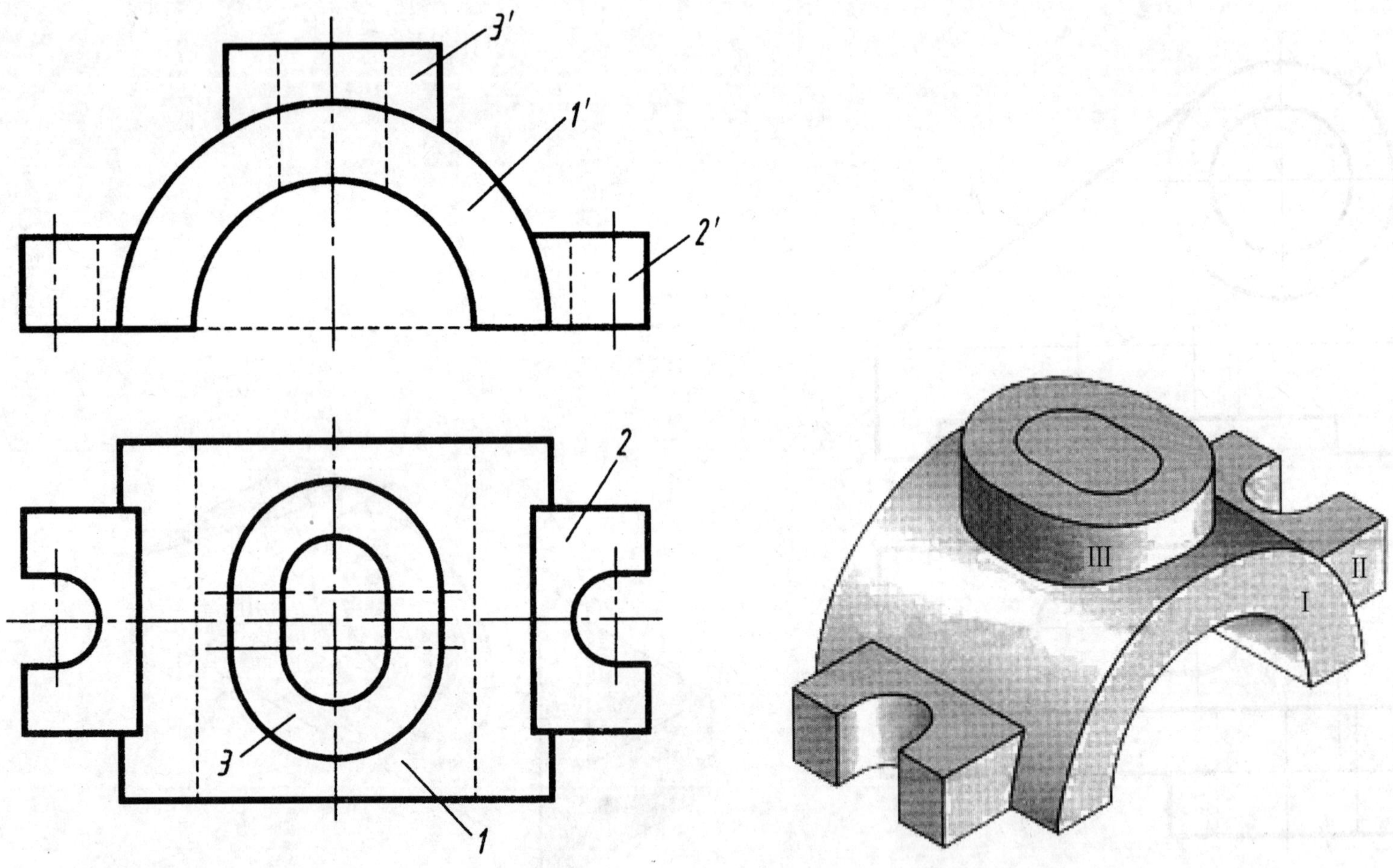

班级 姓名 学号

4．根据视图想象零件的形状，并改正尺寸标注中的错误，在图中错误的尺寸标注上打“×”，将正确的尺寸重新标注在图上。

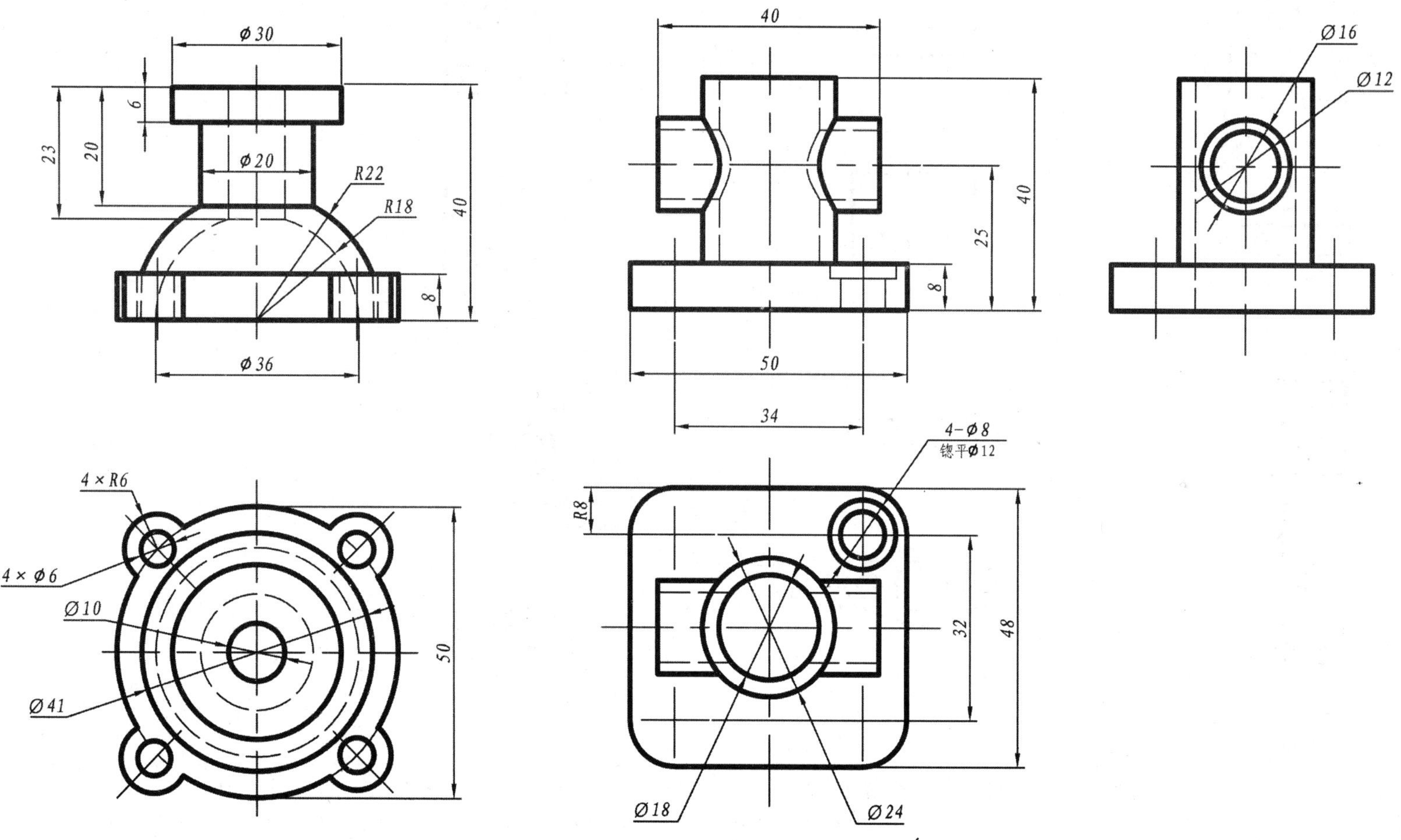

班级　　　　　　　　　　　　姓名　　　　　　　　　　　　学号

5．补画第三视图，并标注尺寸（尺寸由图中量取，取整数）。

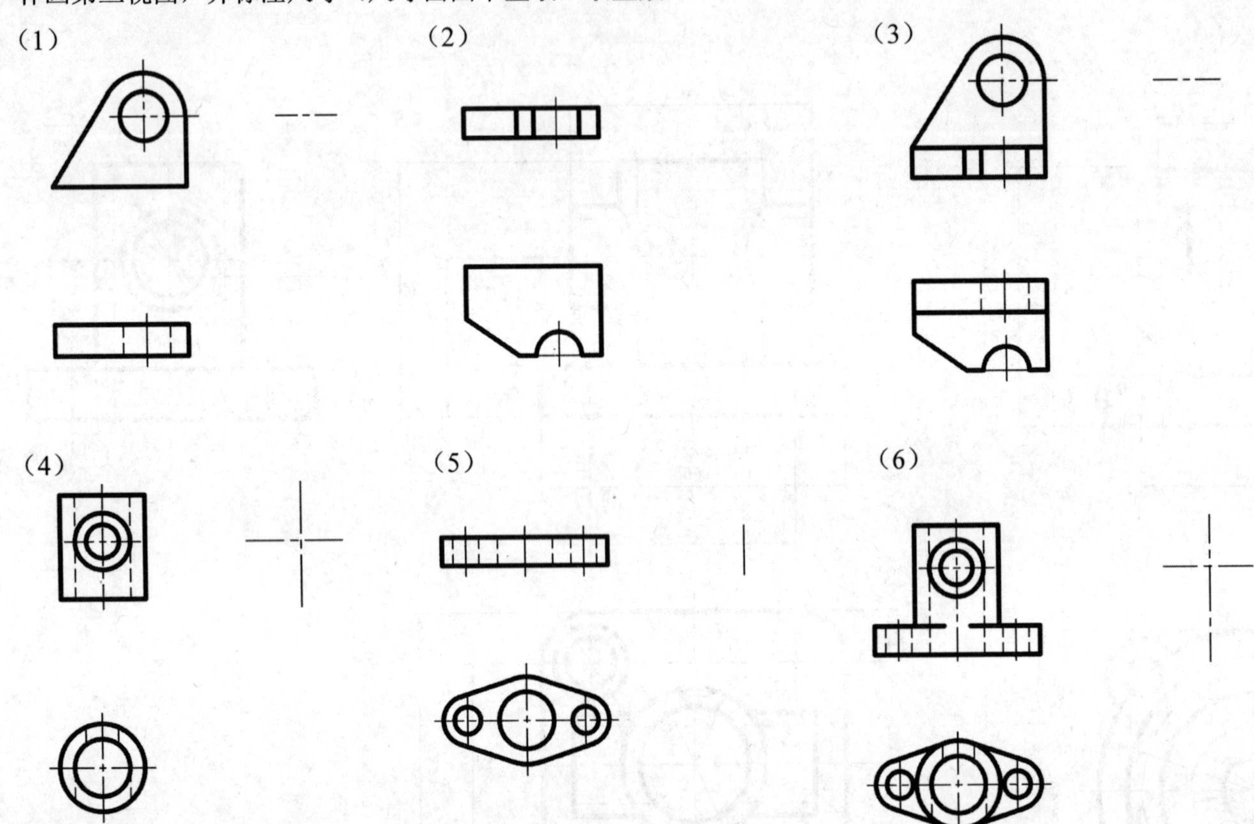

5．学习评价

知识的理解（30 分）	技能的掌握（30 分）	学习态度（纪律、出勤、勤奋、认真、卫生、安全意识、积极性、任务单的学习情况等）（30 分）	团队精神（责任心、竞争、比学赶帮等）（10 分）	成绩（100 分）

班级　　姓名　　学号

任务五　组合体视图的补图和补线

1．学习任务单

如何对组合体视图进行补图？	如何对组合体视图进行补线？

班级　　　　　　　　　　姓名　　　　　　　　　　学号

2．由轴测图，补画图中的漏线。

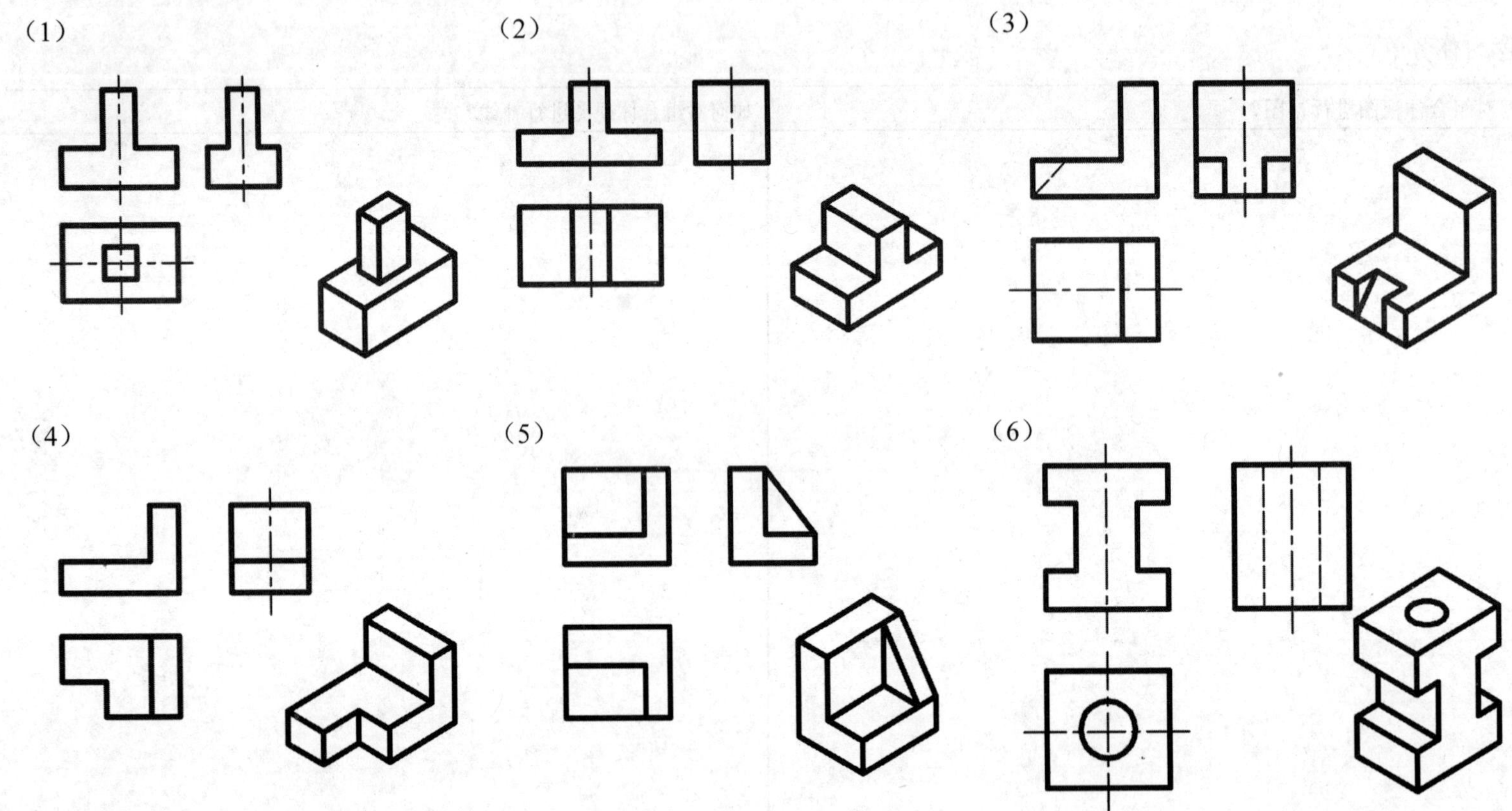

3．根据已知视图补画图中的漏线。

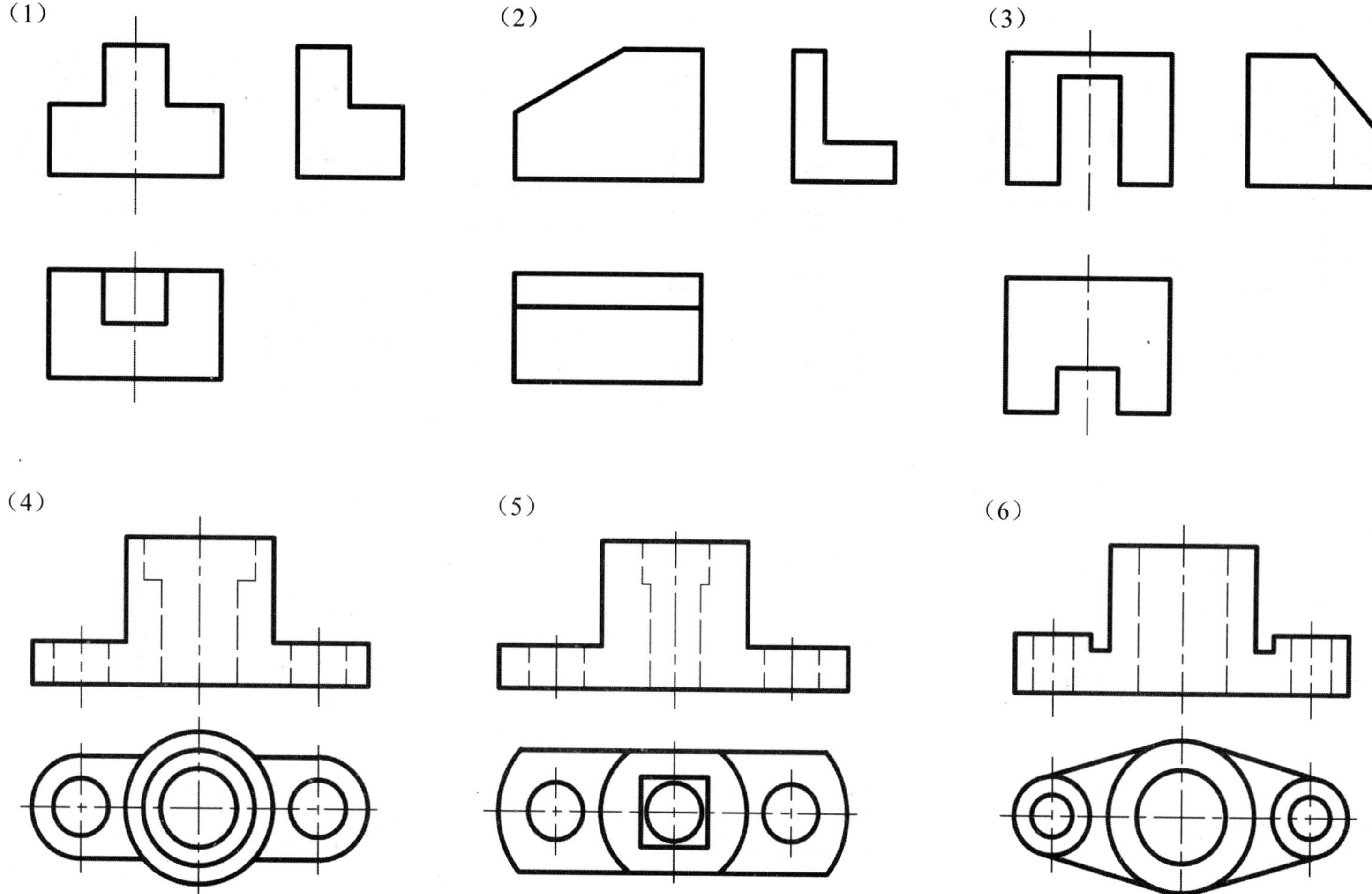

班级　　　　　　　　　　姓名　　　　　　　　　　学号

4. 补画三视图中所遗漏的线。

（1）

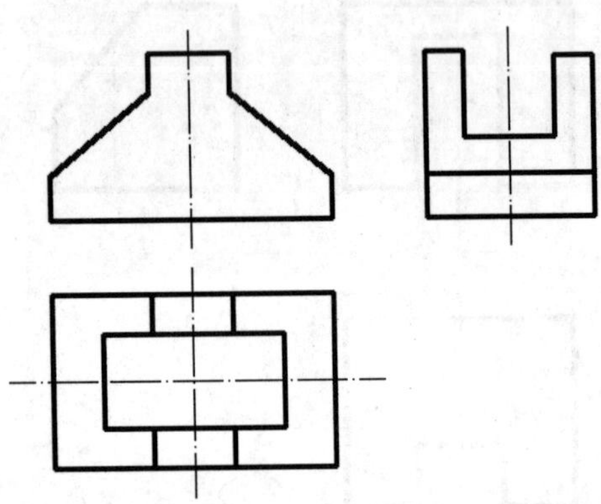

（2）

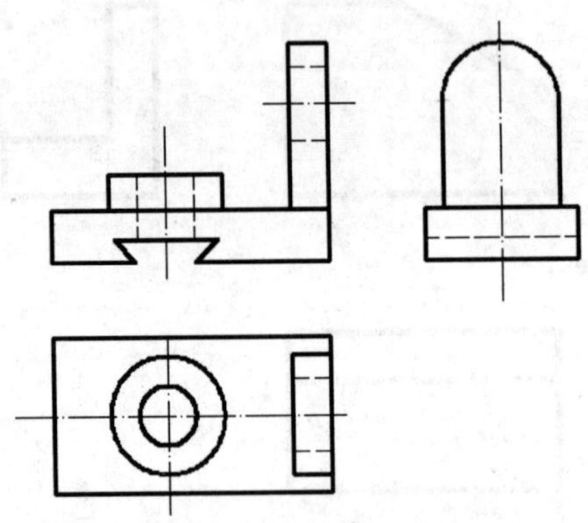

（3）

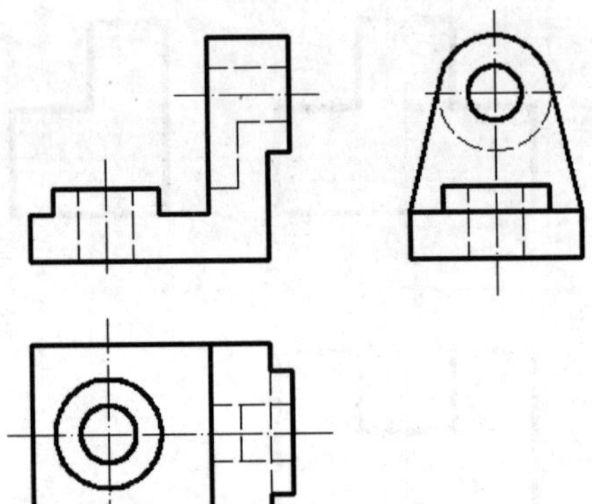

（4）

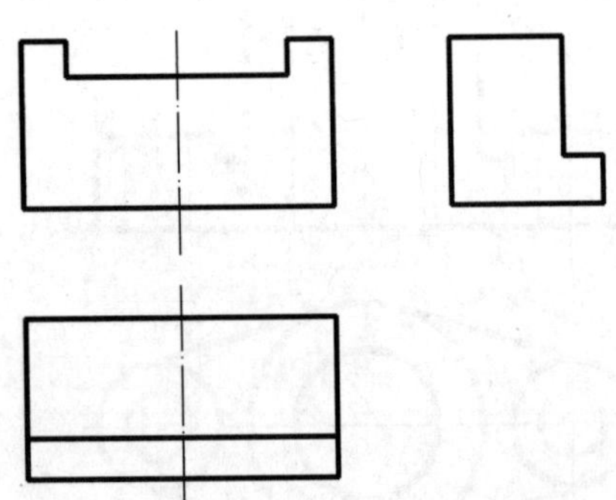

（5）

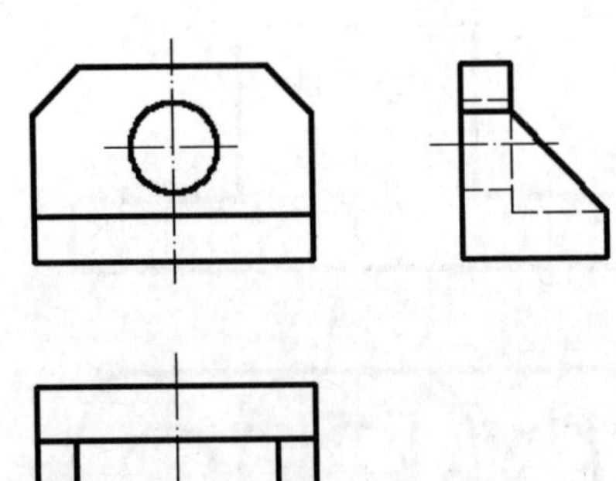

（6）

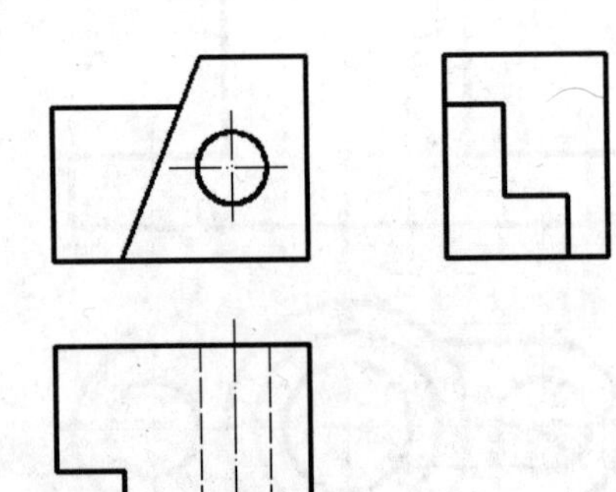

班级　　　　姓名　　　　学号

5．由两视图补画第三视图，并在括号内填入相应立体图的序号。

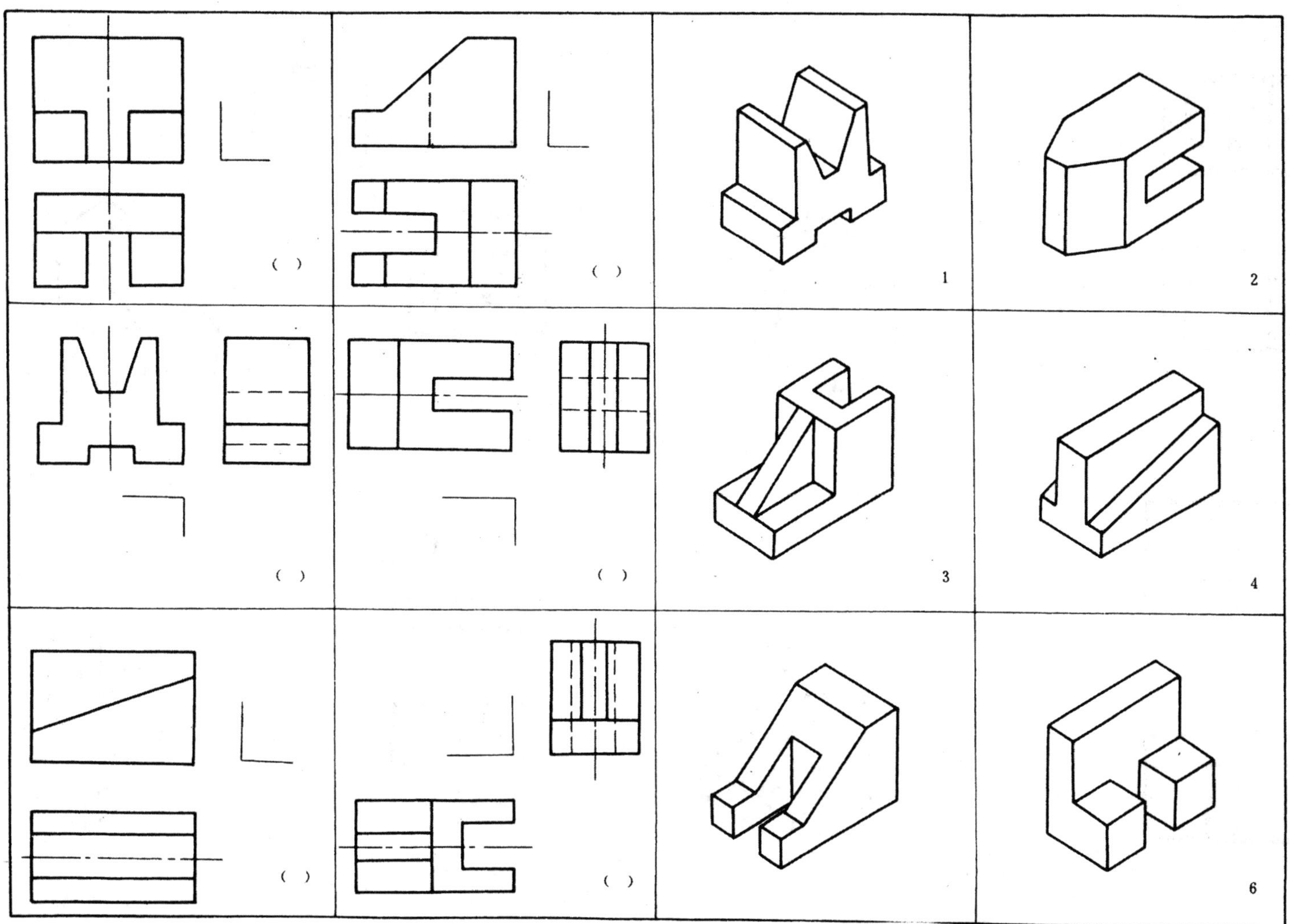

班级　　　　　　　　姓名　　　　　　　　学号

6．由轴测图，补画第三视图。

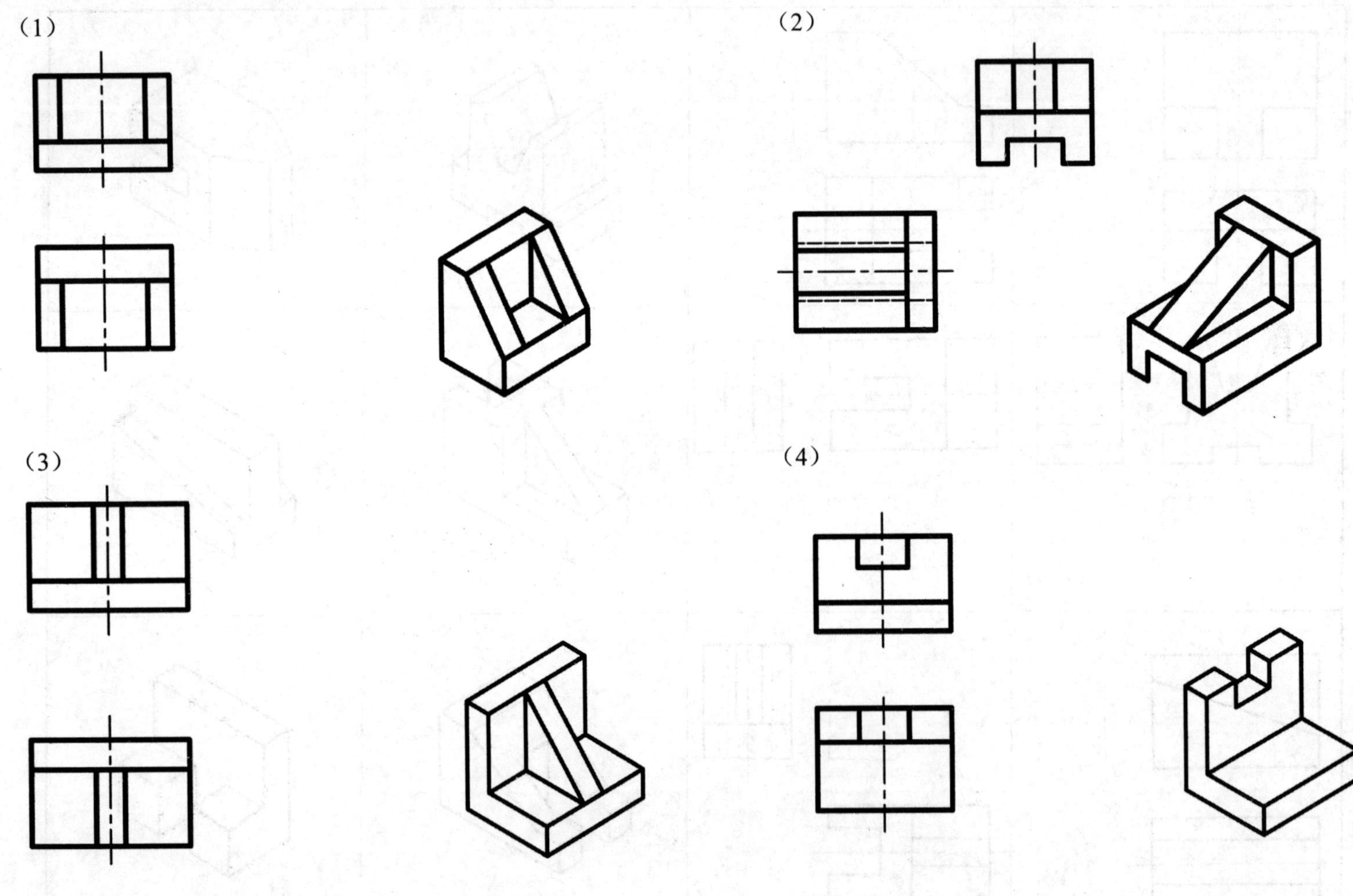

班级　　　　姓名　　　　学号

7．由两视图补画第三视图。

（1）

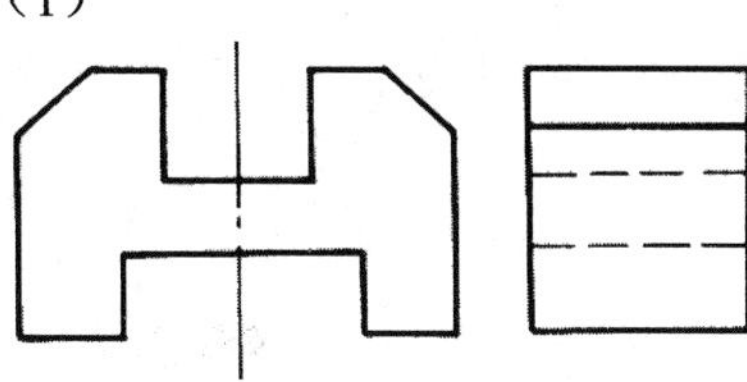

（2）

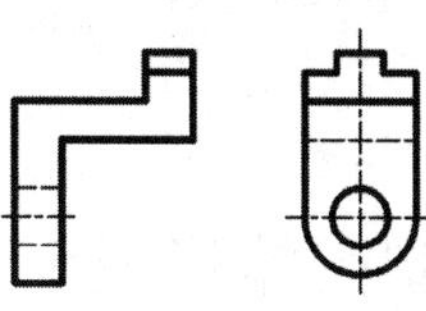

（3）

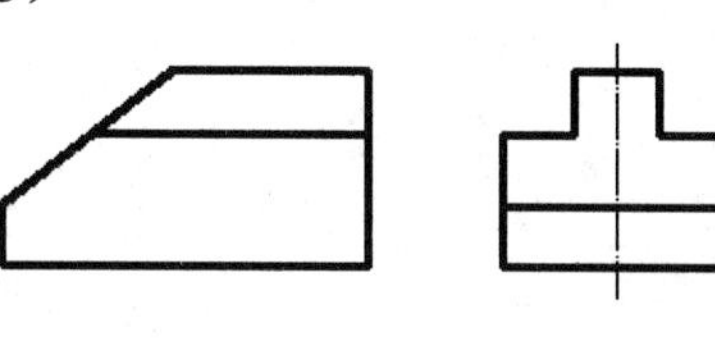

（4）

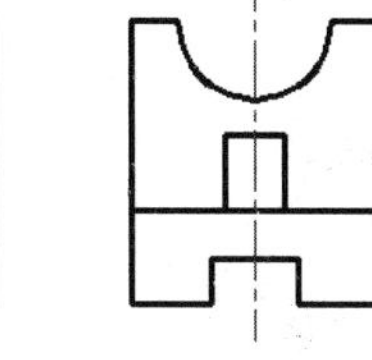

（5）

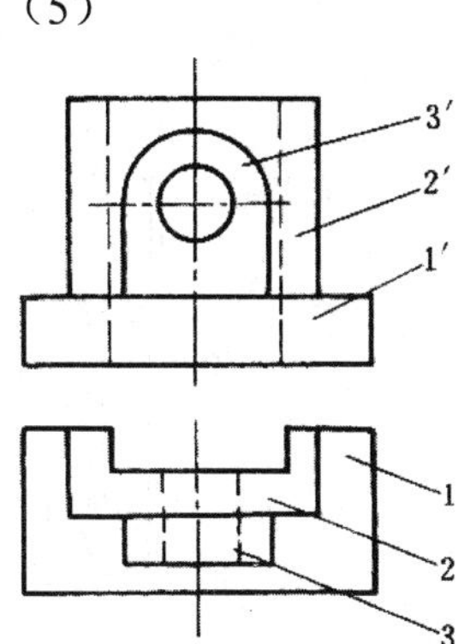

（6）

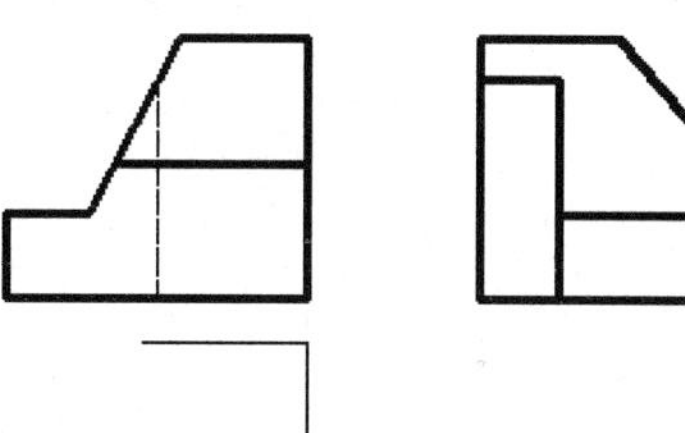

8．学习评价

知识的理解（30分）	技能的掌握（30分）	学习态度（纪律、出勤、勤奋、认真、卫生、安全意识、积极性、任务单的学习情况等）（30分）	团队精神（责任心、竞争、比学赶帮等）（10分）	成绩（100分）

班级　　　　姓名　　　　学号

项目四　轴测图

任务一　轴测图的形成

1．学习任务单

轴测图、轴测轴、轴间角、轴向伸缩系数的概念是什么？	什么是正轴测图？正轴测图的种类有哪些？	什么是斜轴测图？斜轴测图的种类有哪些？	轴测图的特性如何？轴测的含义是什么？	绘制轴测图时应注意什么？

2．学习评价

知识的理解（30 分）	技能的掌握（30 分）	学习态度（纪律、出勤、勤奋、认真、卫生、安全意识、积极性、任务单的学习情况等）（30 分）	团队精神（责任心、竞争、比学赶帮等）（10 分）	成绩（100 分）

任务二　正等轴测图的画法

1．学习任务单

正等轴测图的轴间角、轴向伸缩系数、简化轴向伸缩系数分别为多少？画正等轴测图时，用什么系数画？是否影响物体的形状和立体感？	正等轴测图的画图方法有哪些？	正等轴测图的画图步骤是什么？	在画正等轴测图时，平行于坐标面的圆的正等轴测投影是什么？短轴在什么位置？	如何画切割组合体的正等轴测图？如何画叠加组合体的正等轴测图？

班级　　　　姓名　　　　学号

2．画出下列物体的正等轴测图（尺寸在图中量取）。

（1）

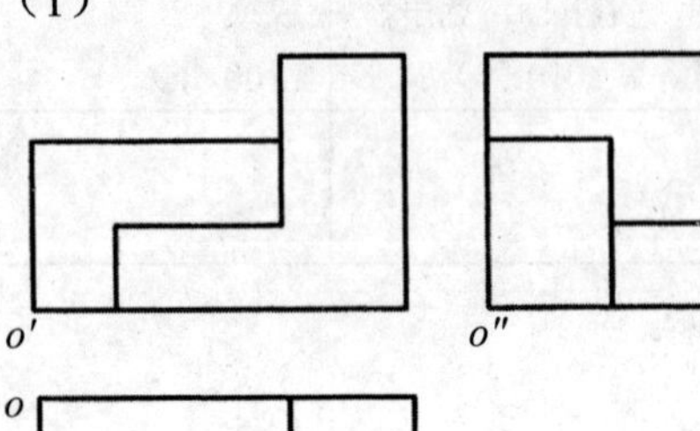

（2）

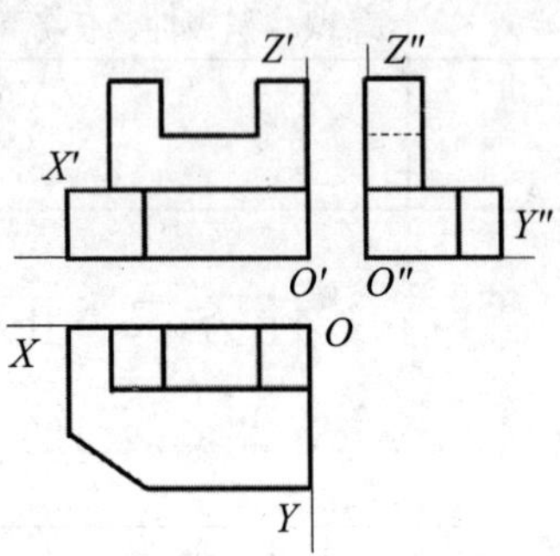

（3）

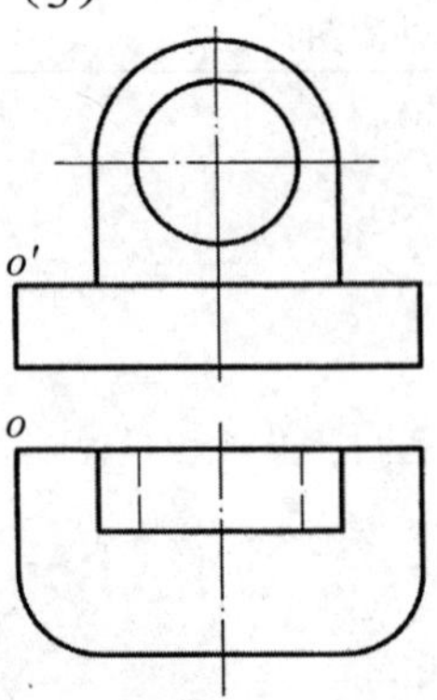

（4）

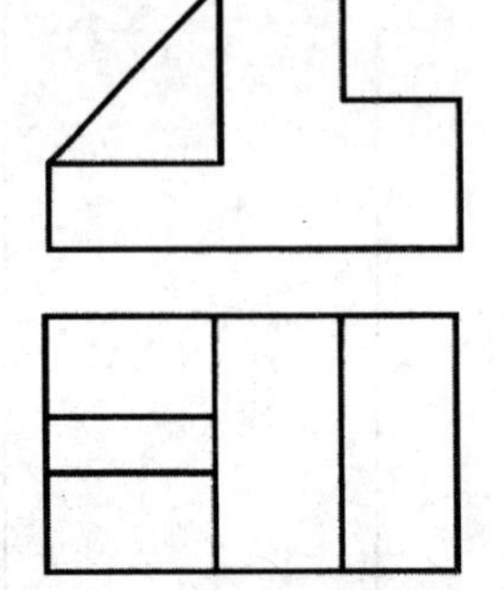

3．学习评价

知识的理解（30 分）	技能的掌握（30 分）	学习态度（纪律、出勤、勤奋、认真、卫生、安全意识、积极性、任务单的学习情况等）（30 分）	团队精神（责任心、竞争、比学赶帮等）（10 分）	成绩（100 分）

班级　　　　姓名　　　　学号

项目五 图样的表达方法

任务一 零件外部结构的表达法：基本视图、向视图、局部视图、斜视图

1．学习任务单

什么是基本视图？怎么配置？它们的度量关系符合什么规律？	选择基本视图的原则是什么？	什么是向视图？怎么标注？	什么是局部视图？画局部视图应注意什么？	什么是斜视图？画斜视图应注意什么？

2．画出物体的其余基本视图。

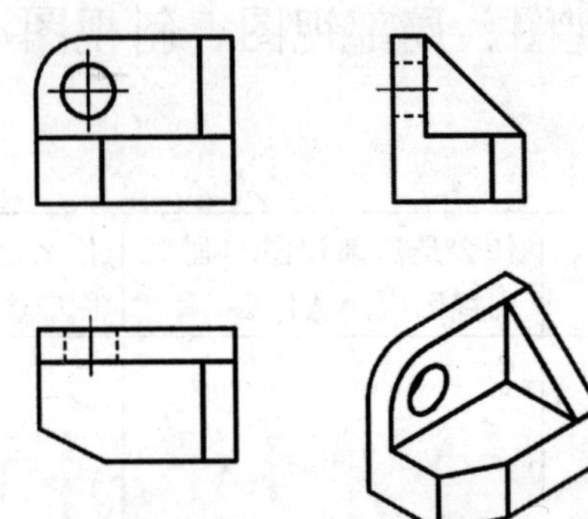

3．画出物体的 A 向斜视图。

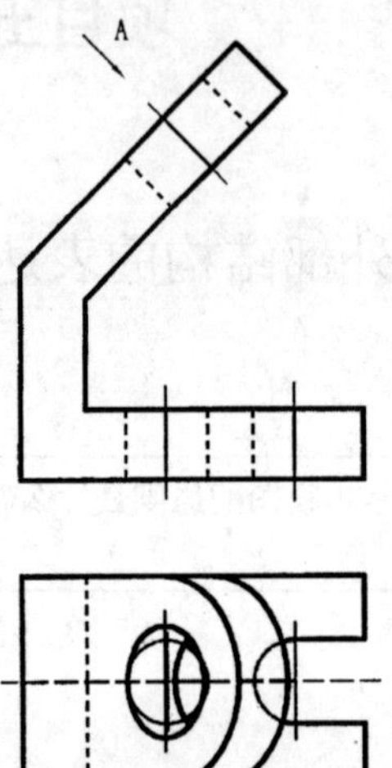

4．画出物体的 A 向局部视图。

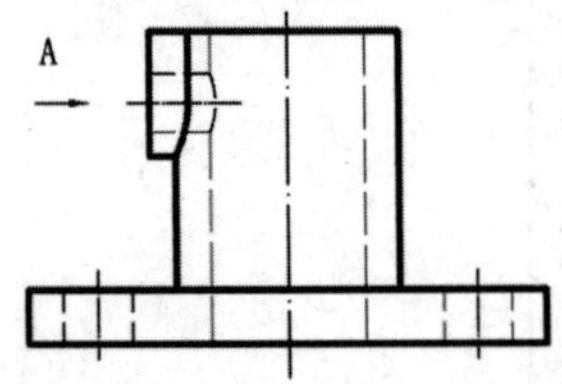

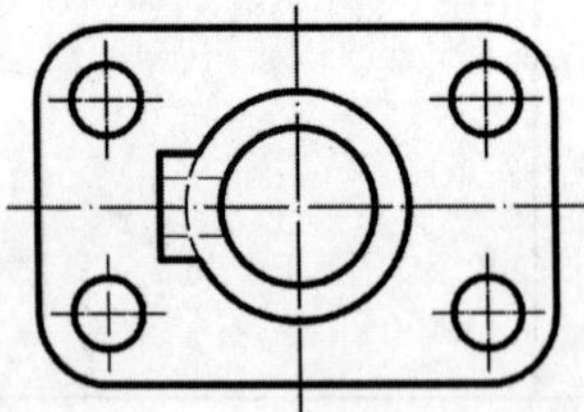

5．画出物体在 A、B、C 三个投射方向的视图。

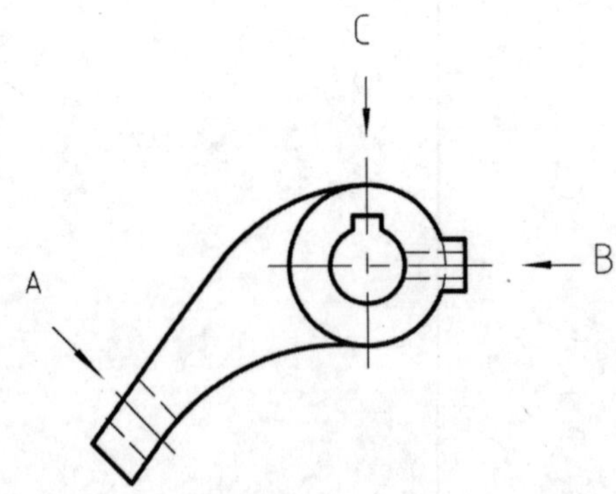

班级　　　　姓名　　　　学号

6．学习评价

知识的理解（20分）	技能的掌握（50分）	学习态度（纪律、出勤、团队合作精神、积极性等）（30分）	成绩（100分）

任务二　零件内部结构的表达法：剖视图的形成及画法、全剖视图

1．学习任务单

剖视图是怎么形成的？	画剖视图的注意事项有哪些？	画剖视图的方法是什么？	剖视图的画图步骤是什么？	剖视图的标注及配置如何？	剖视图的种类有哪些？什么是全剖视图？适用范围是什么？

班级　　　　　　　　　　姓名　　　　　　　　　　学号

2．对照图中所示的立体图，补画所缺图线。

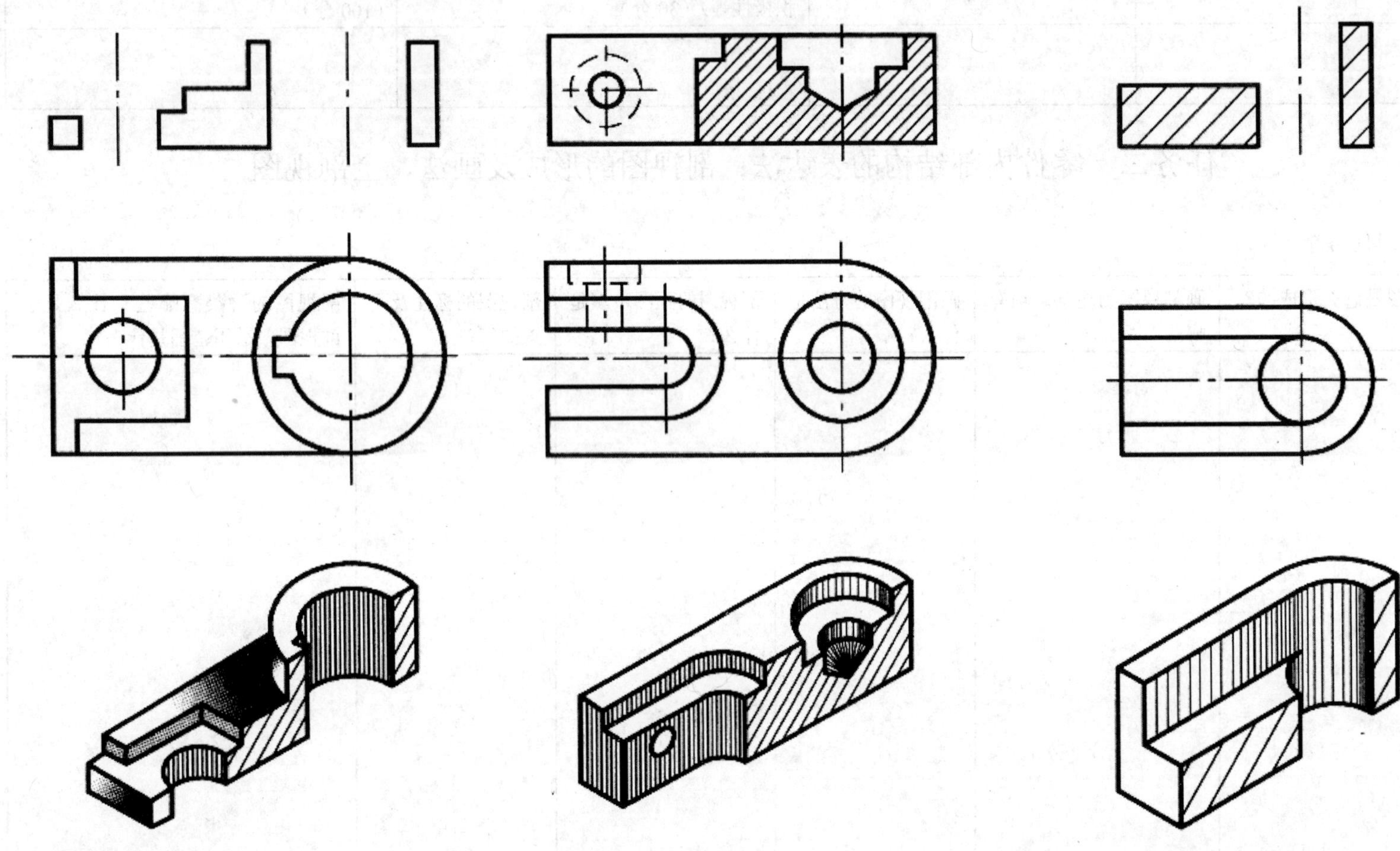

班级　　　　　　　　姓名　　　　　　　　学号

3．改正下列全剖视图中的错误。（不要的线打"××"，缺少的线补上）

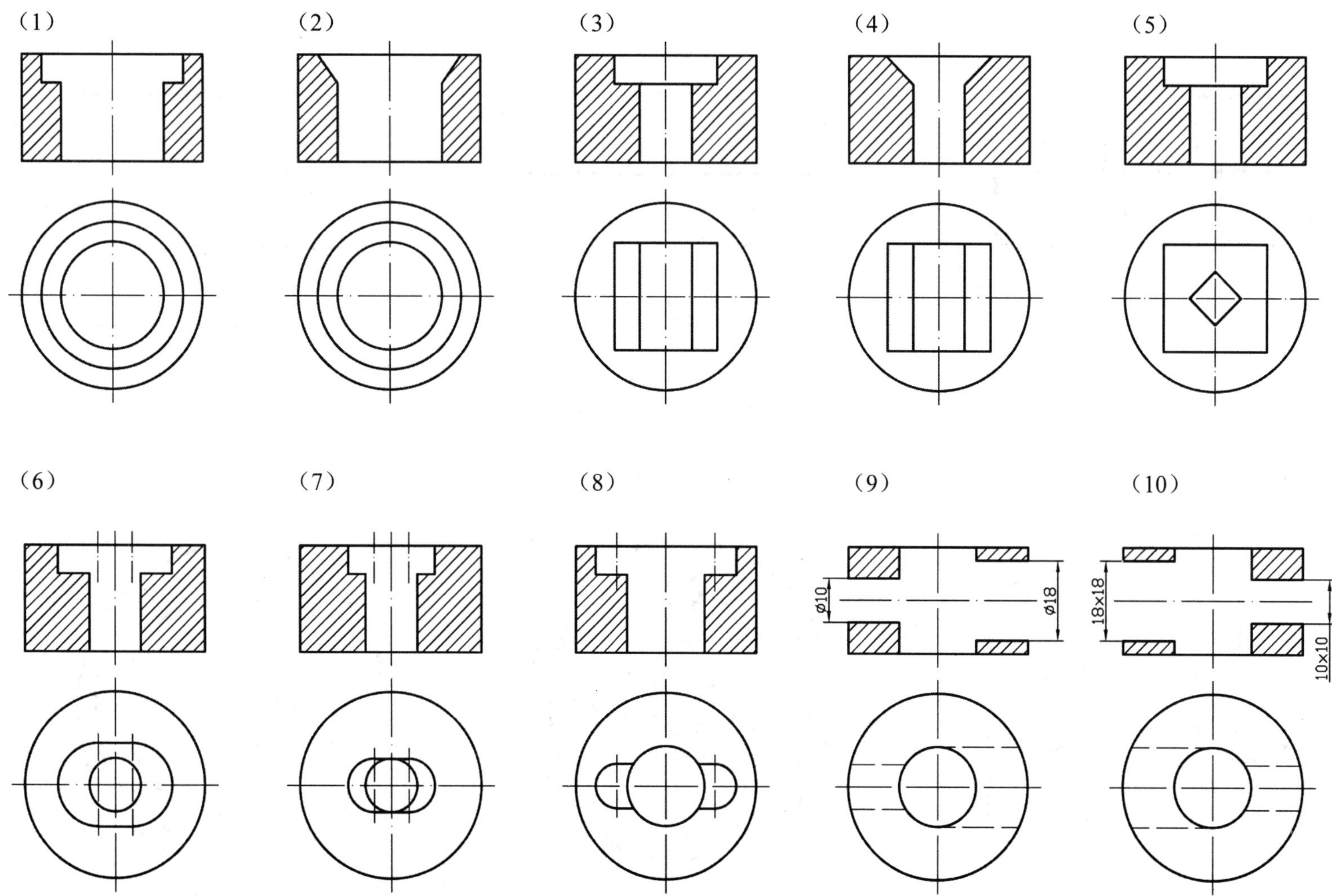

班级　　　　　　　　　　姓名　　　　　　　　　　学号

4．在指定的位置把主视图画成全剖视图。

（1）　（2）　（3）

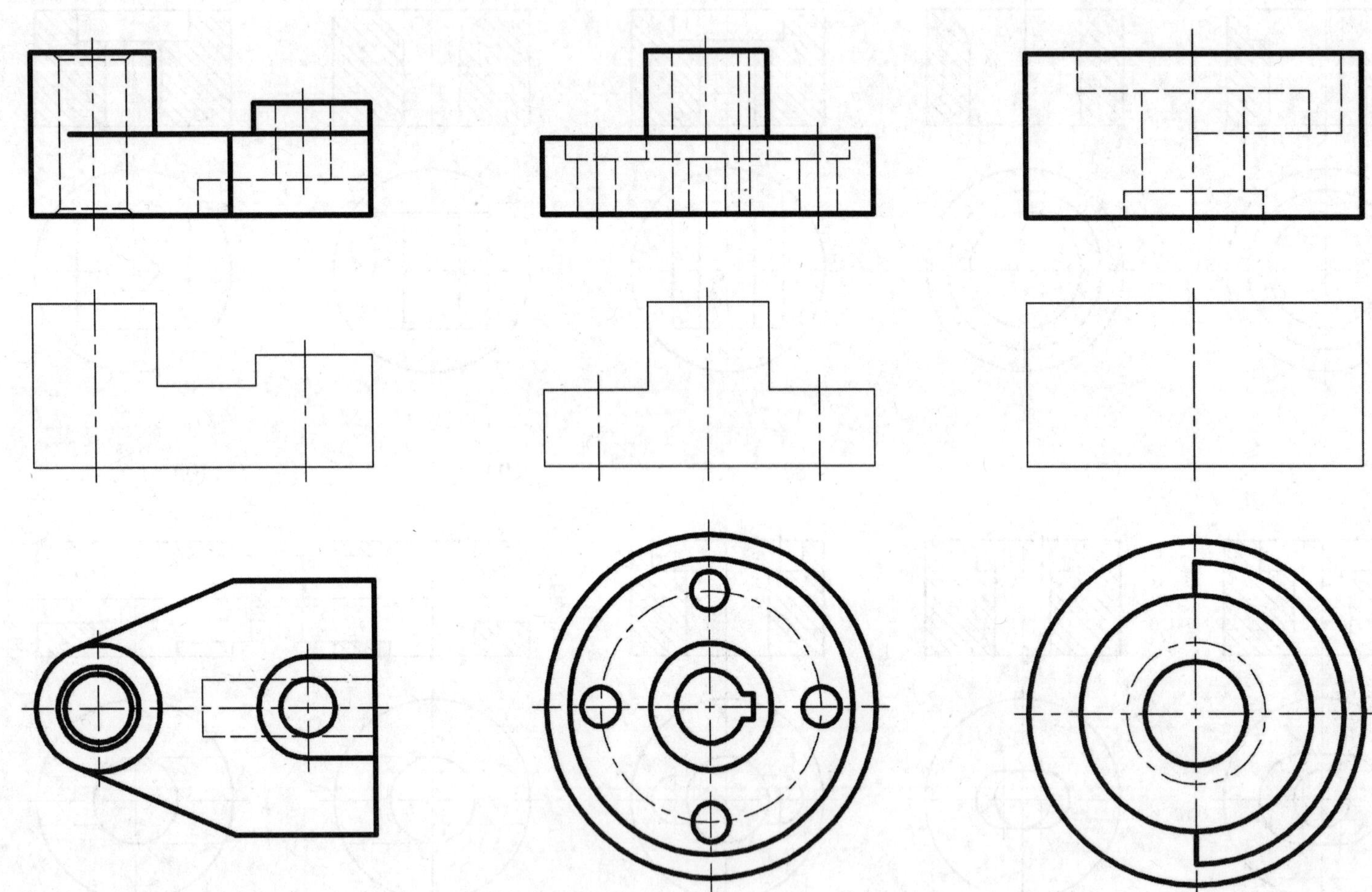

班级　姓名　学号

5．看图并回答问题。

（1）主视图是（　　）剖视图。

（2）画出剖切符号。

（3）指出标有 1、2、3 的空白线框在另一视图上的投影，想象它们的形状。零件由几部分组成？

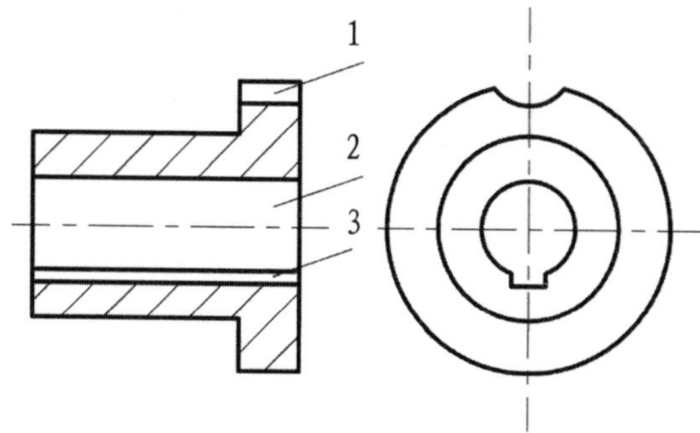

6．补画剖视图中漏画的图线，并画出全剖的左视图。

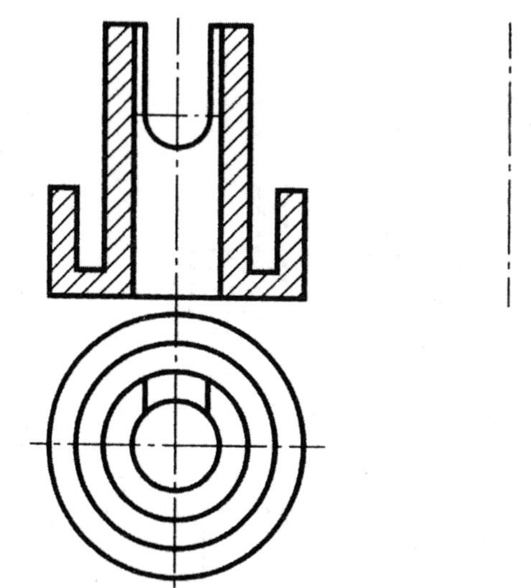

7．将零件的主视图画成全剖视图。

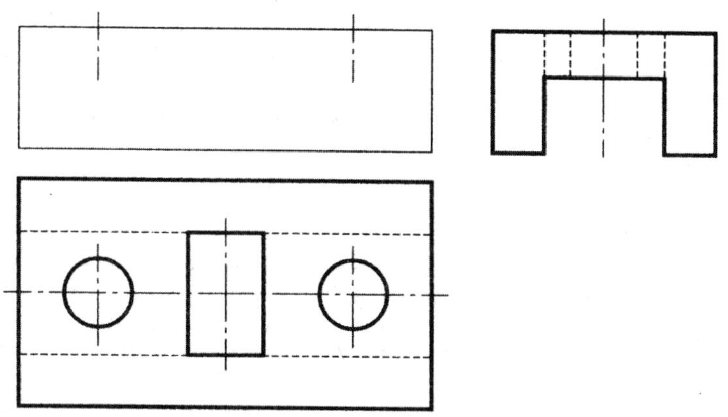

8．根据零件的俯、左视图，补画全剖主视图。

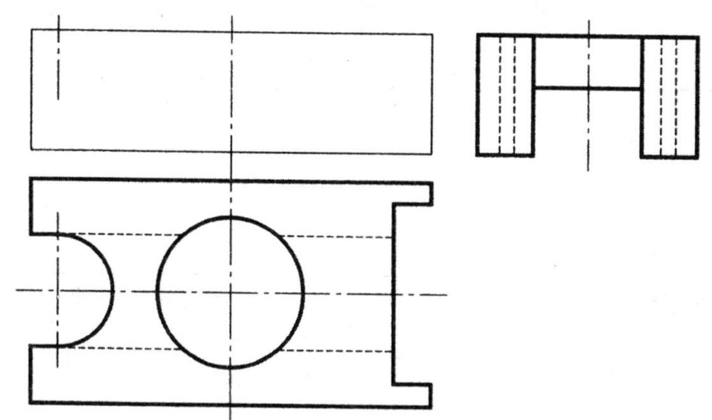

9．补画全剖视图中所缺的图线。

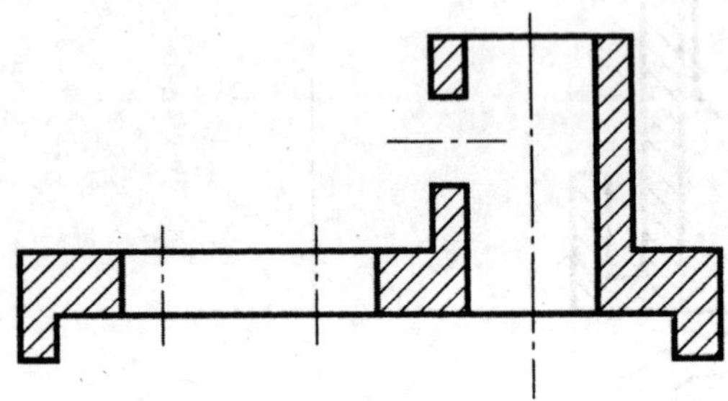

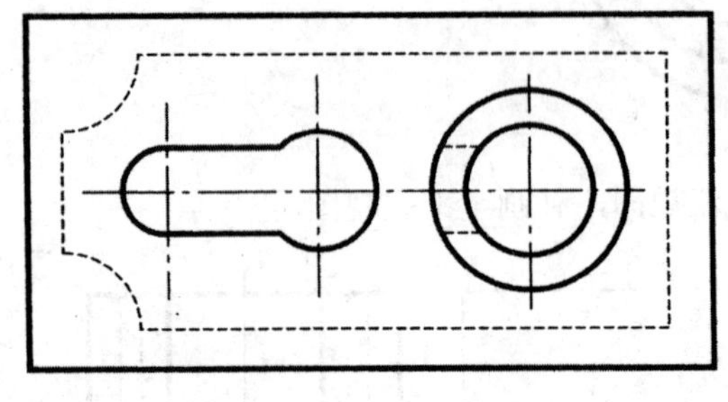

10．改正剖视图中的错误，并画在空白处。

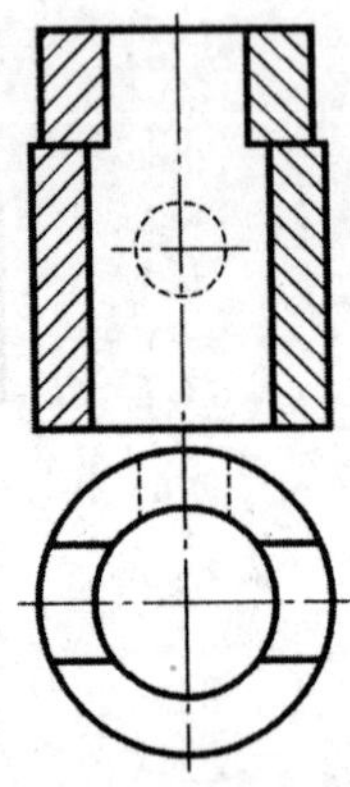

11．在指定位置，将机件的主视图改画成全剖视图。

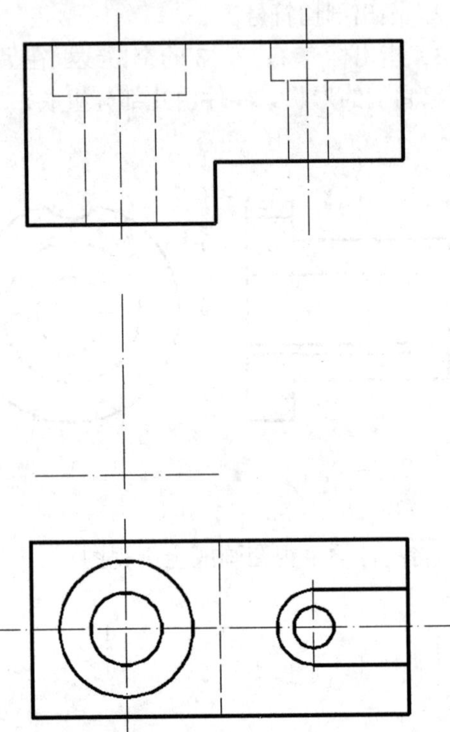

12．学习评价

知识的理解（30 分）	技能的掌握（30 分）	学习态度（纪律、出勤、勤奋、认真、卫生、安全意识、积极性、任务单的学习情况等）（30 分）	团队精神（责任心、竞争、比学赶帮等）（10 分）	成绩（100 分）

班级　　　　姓名　　　　学号

任务三　零件内部结构的表达法：半剖视图、局部剖视图

1．学习任务单

什么是半剖视图?	半剖视图的适用范围有哪些?	半剖视图怎么标注?	画半剖视图的注意事项有哪些?	什么是局部剖视图?适用范围是什么?	画局部剖视图的注意事项有哪些?

班级　　　　姓名　　　　学号

2．看图回答问题。

（1）剖视图的名称是什么？

（2）主视图从哪里剖切得到？画出剖切符号。

（3）零件可分为哪几部分？各部分形状如何？

（4）水平板上有几个小孔？想象零件的整体形状。

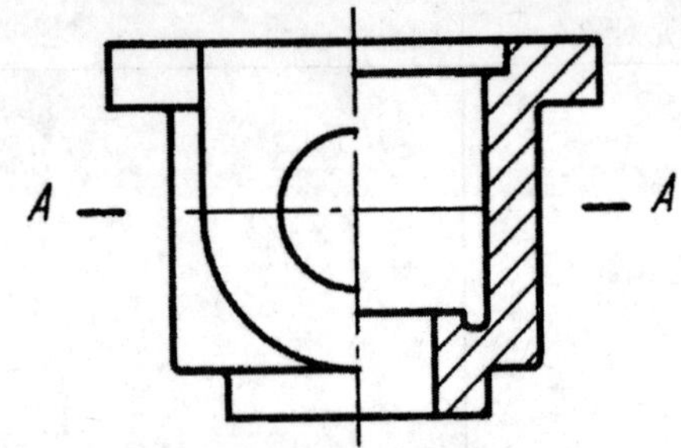

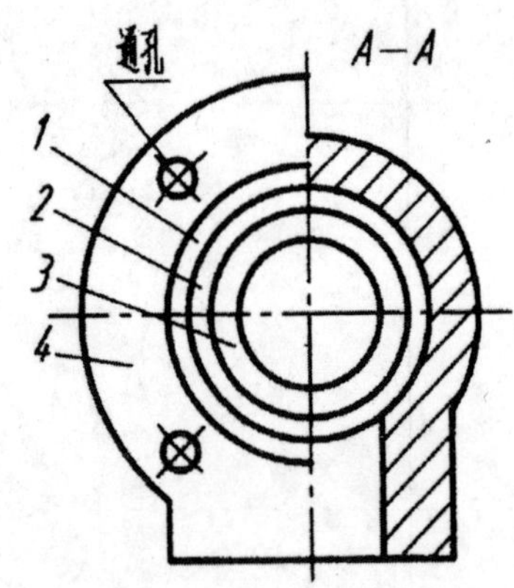

3．根据主、俯视图，补全半剖的左视图。

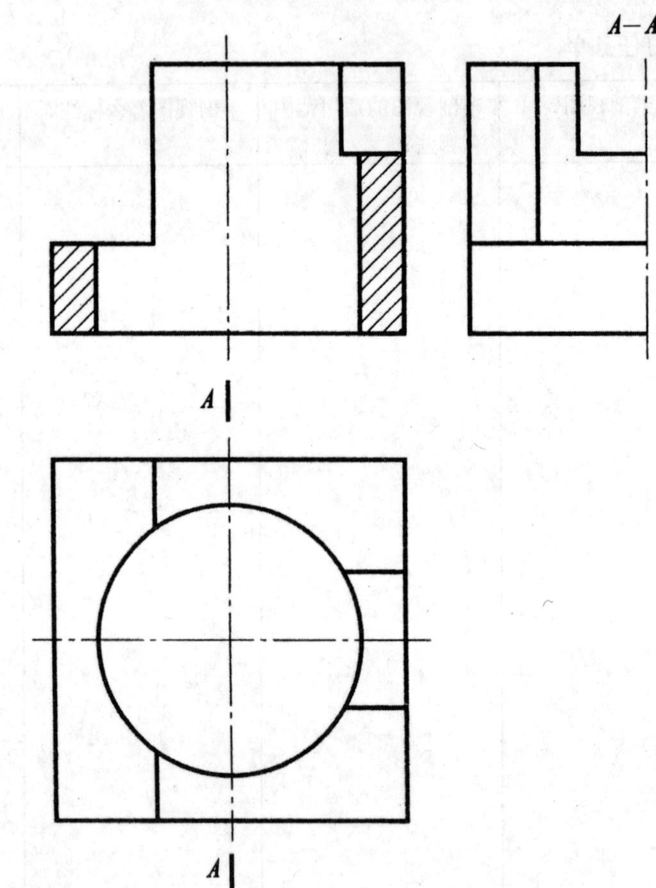

班级　　　　　　　　姓名　　　　　　　　学号

4．将主视图改画成半剖视图，并补画出全剖的左视图。

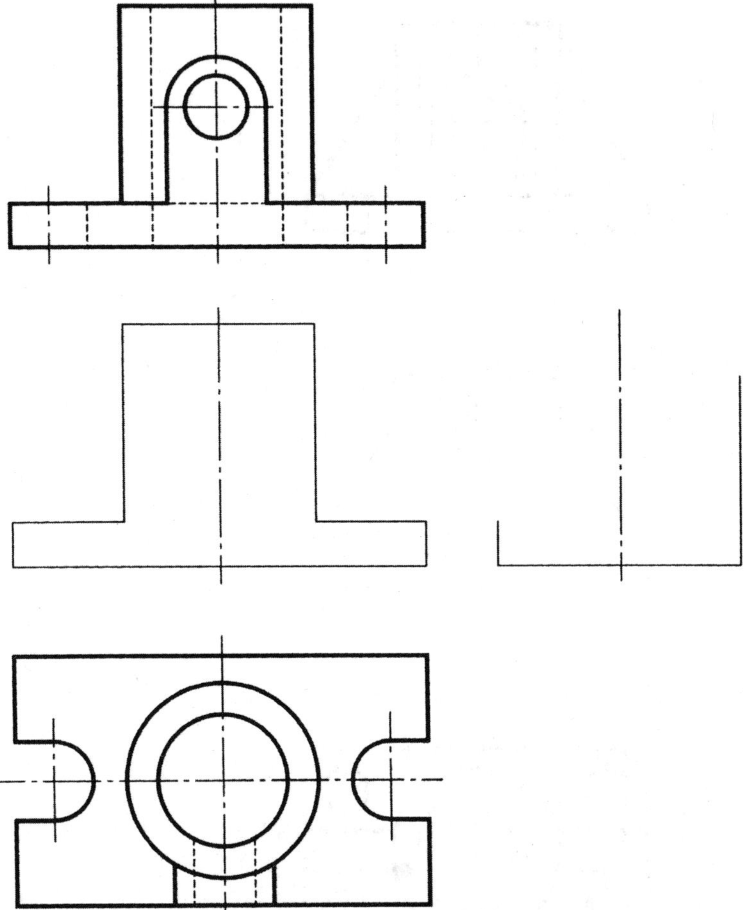

5．根据机件的主、俯视图，补全半剖的左视图。

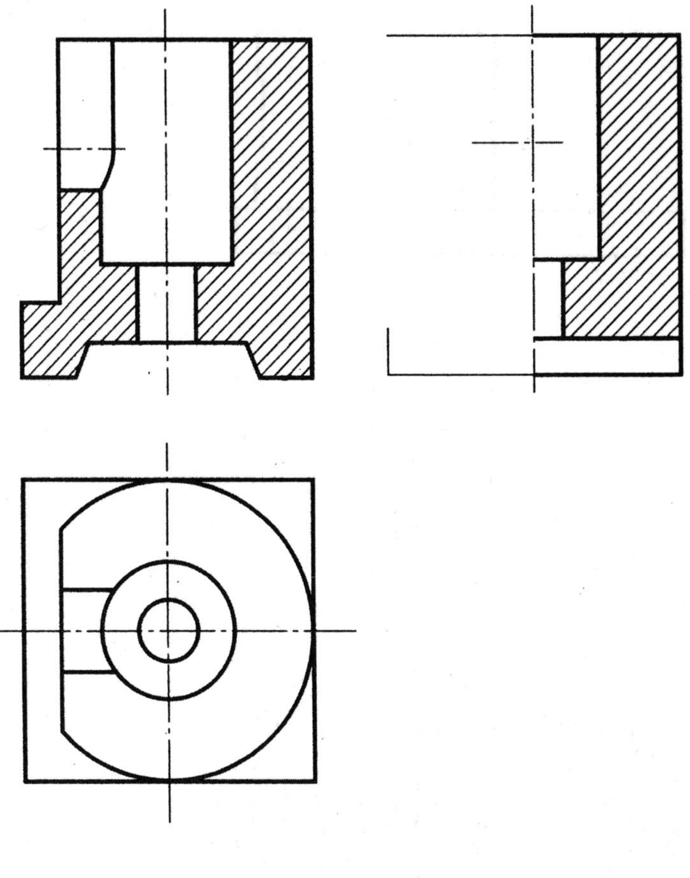

班级　　　　姓名　　　　学号

6. 在指定位置将主视图改画成全剖视图，并补画半剖左视图。

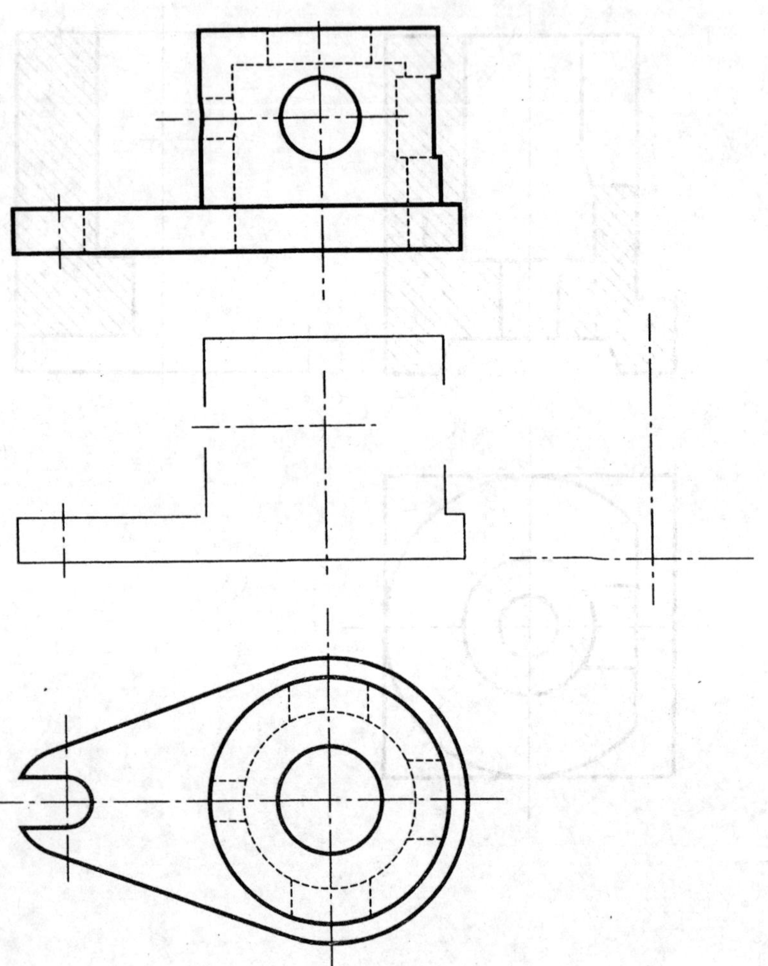

7. 在指定位置将主视图改画成全剖视图，并补画半剖左视图。

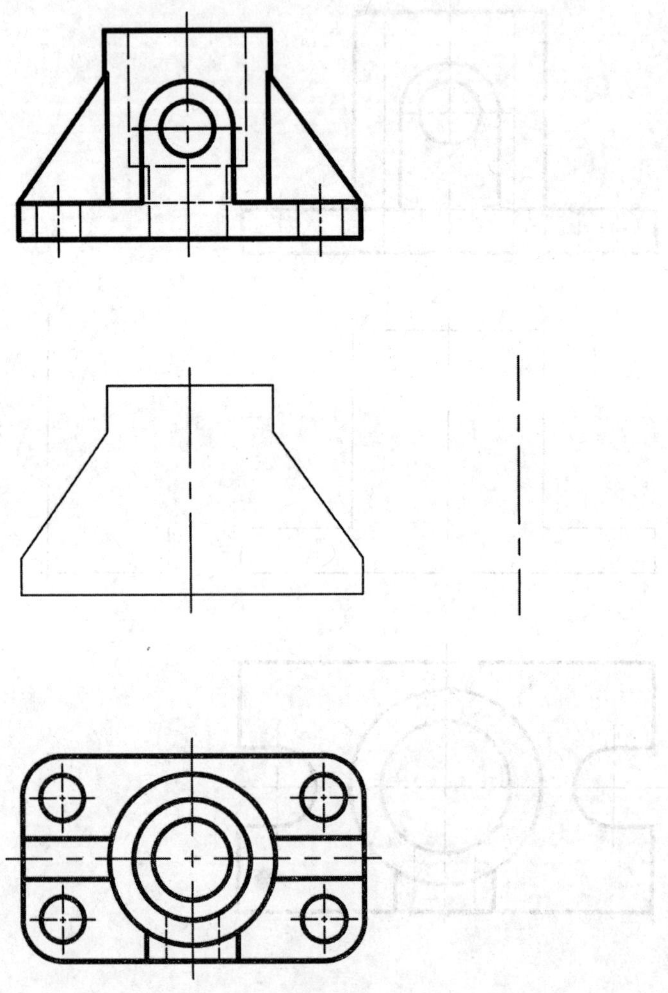

班级　　　　　　姓名　　　　　　学号

8．将主、俯视图改画成局部剖视图（在原图上改画）。

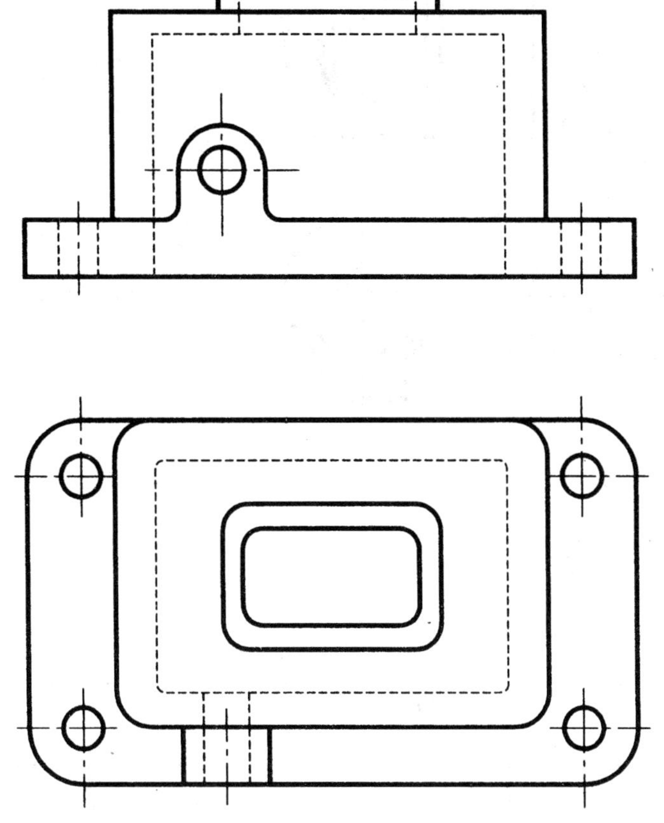

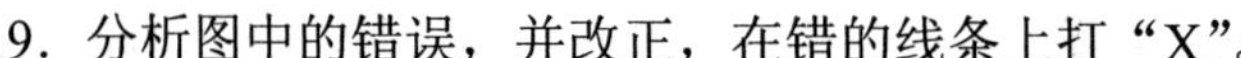

9．分析图中的错误，并改正，在错的线条上打“X”。

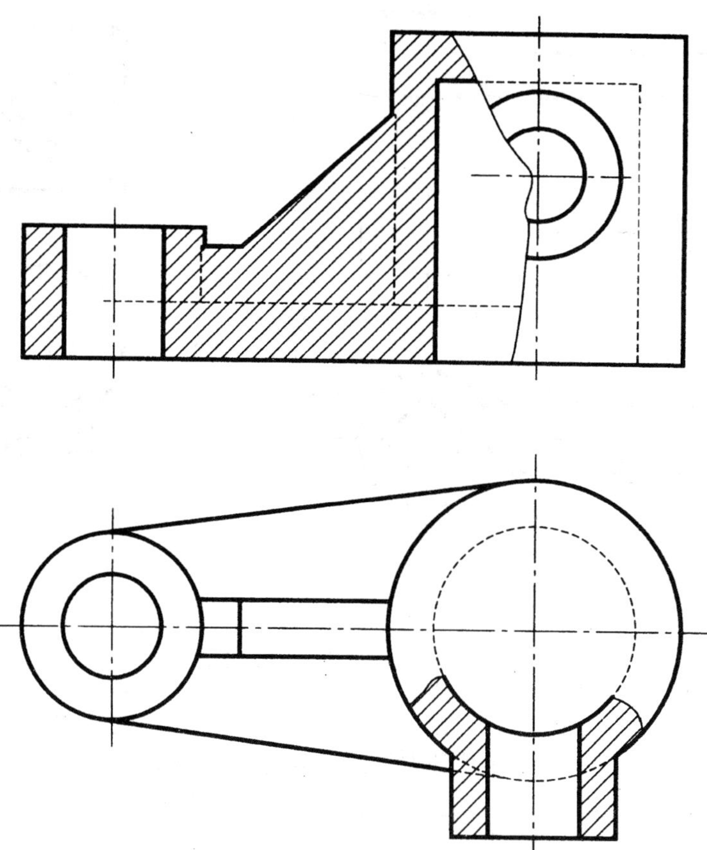

10．补画局部剖视图。

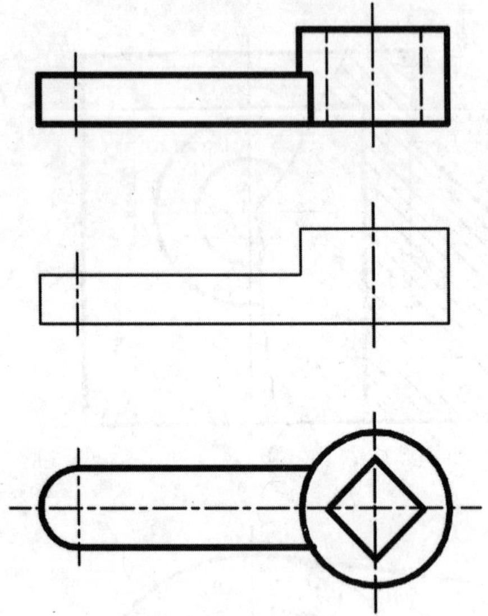

11．画出正确的局部剖视图。

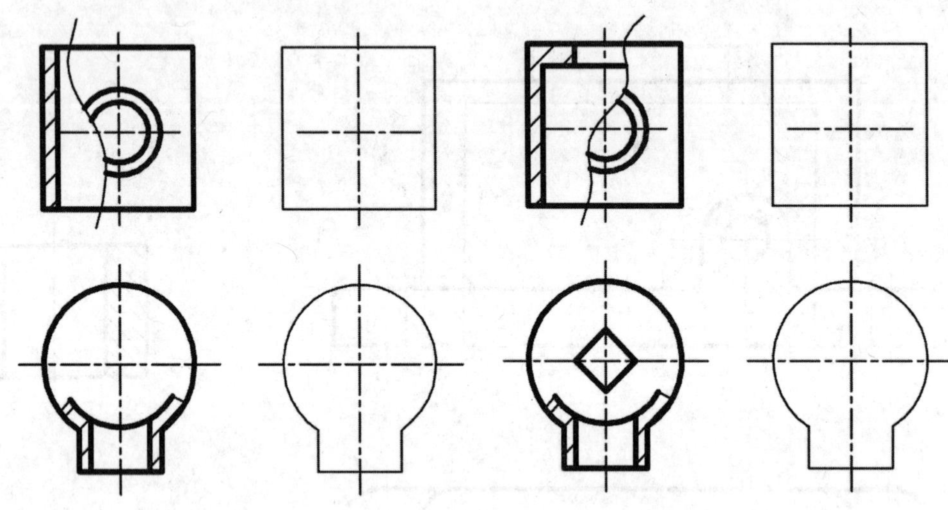

12．学习评价

知识的理解（30 分）	技能的掌握（30 分）	学习态度（纪律、出勤、勤奋、认真、卫生、安全意识、积极性、任务单的学习情况等）（30 分）	团队精神（责任心、竞争、比学赶帮等）（10 分）	成绩（100 分）

班级　　　　姓名　　　　学号

任务四　剖切面的种类

1．学习任务单

单一剖切面有几种？分别是什么？哪一种是斜剖？	采用单一投影面垂直面剖切时应注意什么？	什么是旋转剖？适用范围有哪些？	旋转剖时应注意的问题有哪些？	什么是阶梯剖？适用范围有哪些？	阶梯剖时应注意的问题有哪些？	剖视图如何选取？剖切方法又如何选取？

班级　　　　　　　　　　姓名　　　　　　　　　　学号

2. 画出用相交两平面剖切的全剖视图（旋转剖）。

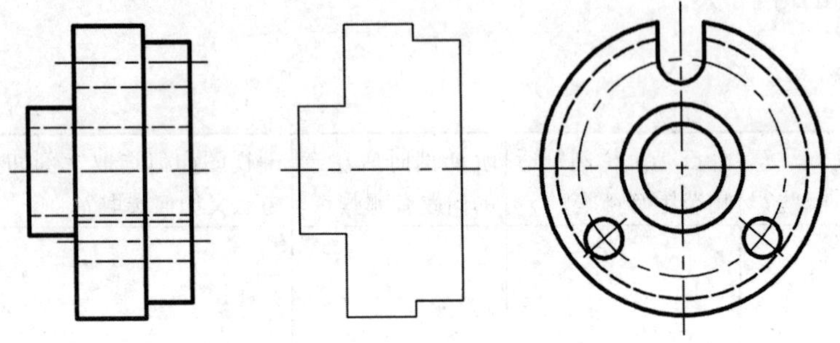

3. 将左视图改画成阶梯剖的全剖视图，并画在空白处。

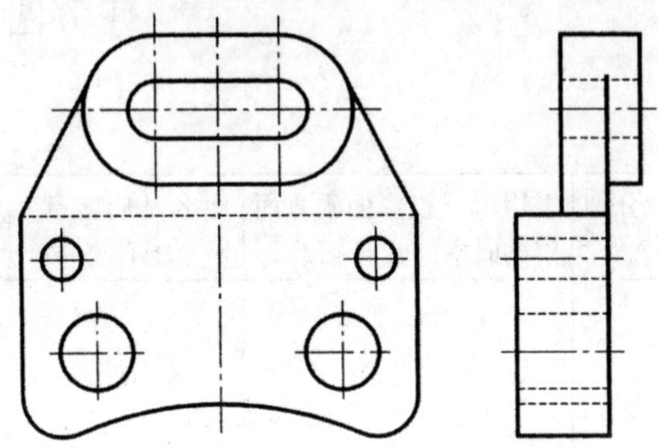

4. 用平行剖切面在指定位置将俯视图画成全剖视图。

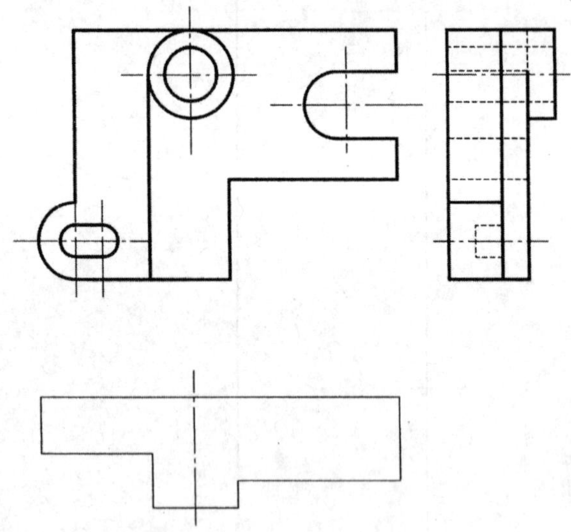

5. 看图回答问题。

说明剖视图的名称及剖切方法是什么？线框 1、2、3、4 表示哪些部分的投影？是否被剖切了？

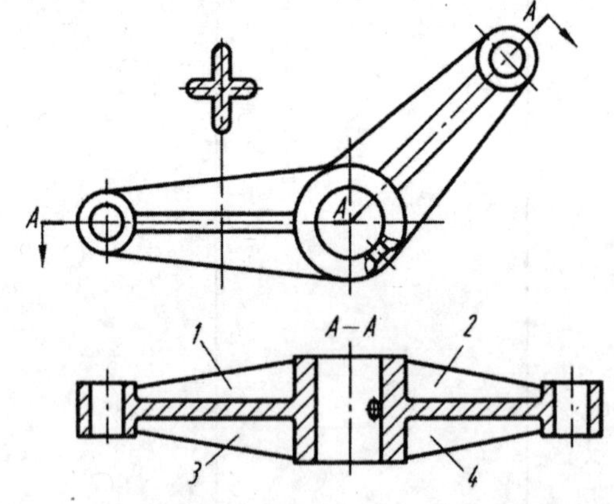

6．将主视图改画成几个剖切面剖切的全剖视图（复合剖）。

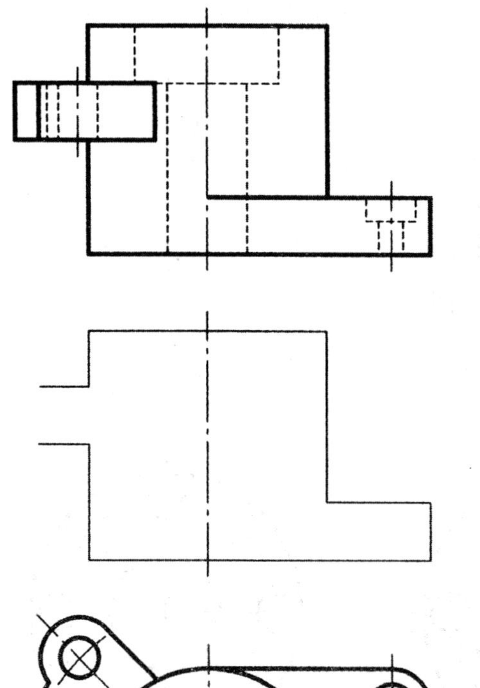

7．将主视图改画成用两个相交平面剖切的全剖视图。

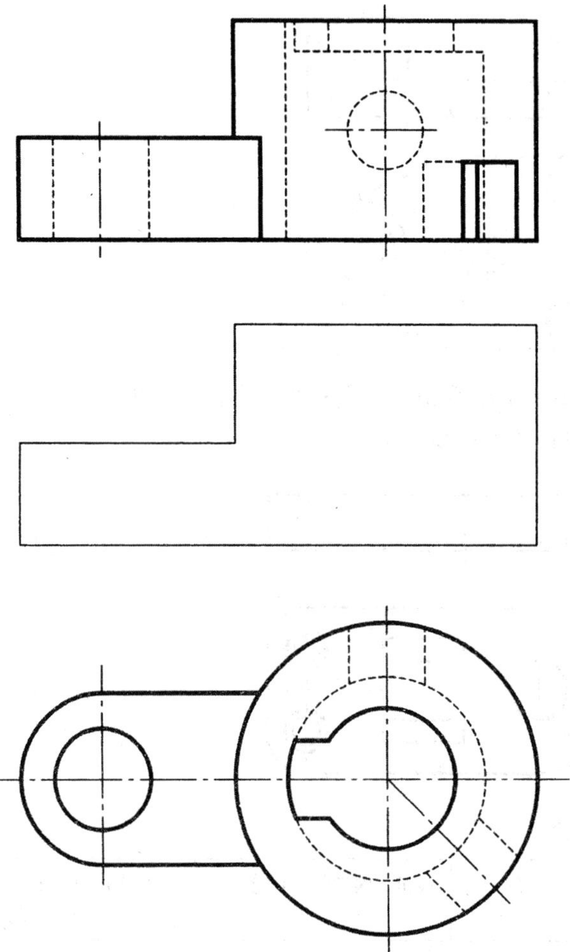

班级　　　　姓名　　　　学号

8．在主视图中画出用两平行平面剖切的全剖视图（保留线加深，多余线打“××”）。

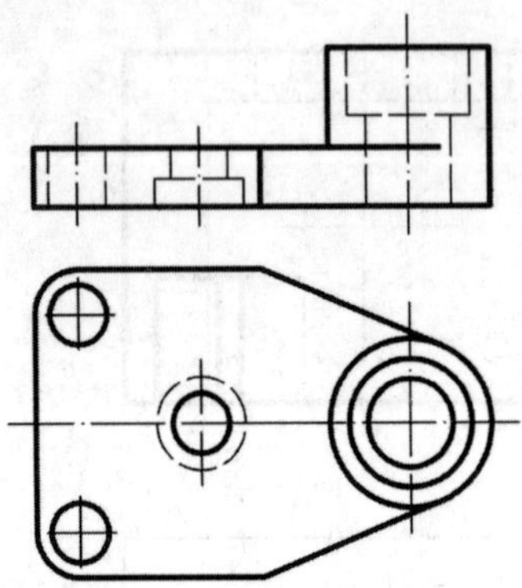

9．画出用相交平面剖切的全剖主视图，补全用平行平面剖切的全剖俯视图，在适当的位置画出拱形部分的A向视图。

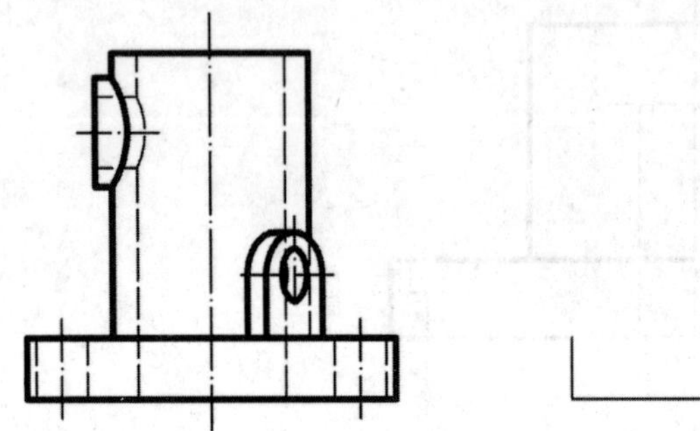

10．在主视图中画出用相交平面和平行平面剖切的全剖视图。（保留线加深）

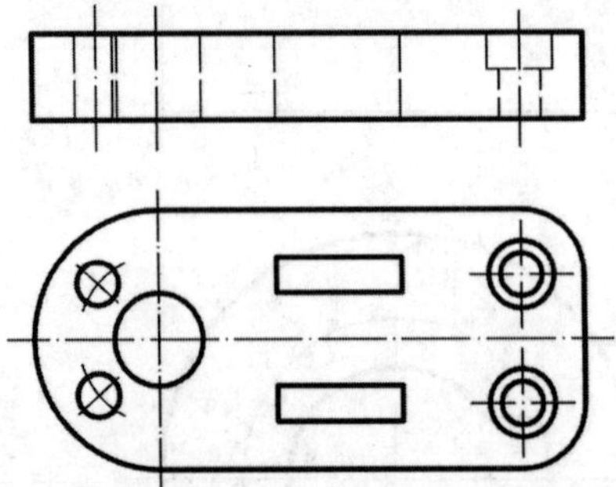

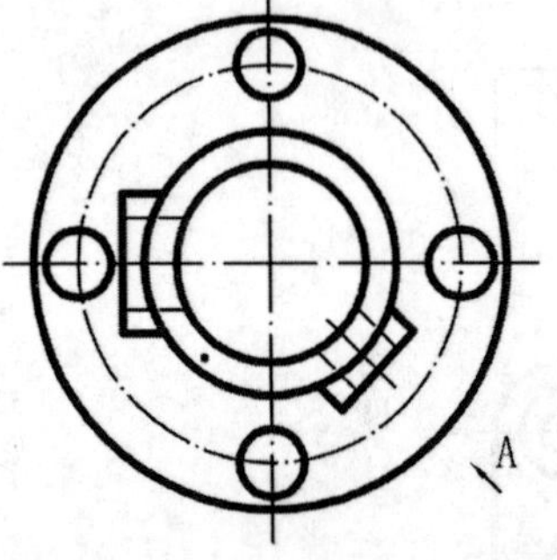

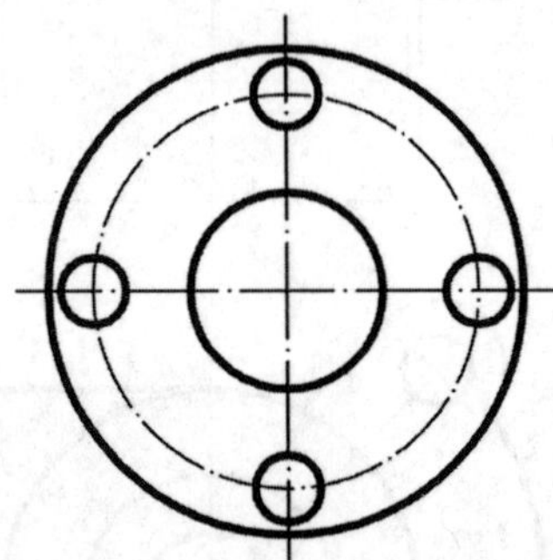

11．学习评价

知识的理解（30分）	技能的掌握（30分）	学习态度（纪律、出勤、勤奋、认真、卫生、安全意识、积极性、任务单的学习情况等）（30分）	团队精神（责任心、竞争、比学赶帮等）（10分）	成绩（100分）

　　班级　　姓名　　学号

任务五　零件断面图的表达：移出断面、重合断面的识绘

1．学习任务单

断面图用于表达什么？分为哪几种？	什么是移出断面？移出断面的画法及配置原则是什么？	移出断面图的标注如何？	什么是重合断面？重合断面的画法及配置原则是什么？	重合断面图如何标注？

班级　　　　　　　　姓名　　　　　　　　学号

2．改正下面移出断面的错误，将正确的画在相应图的下面。

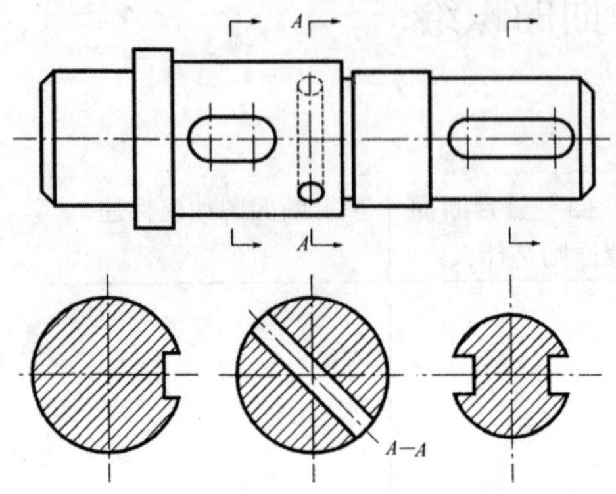

3．在空白处，画出 A-A、B-B 的移出断面图。

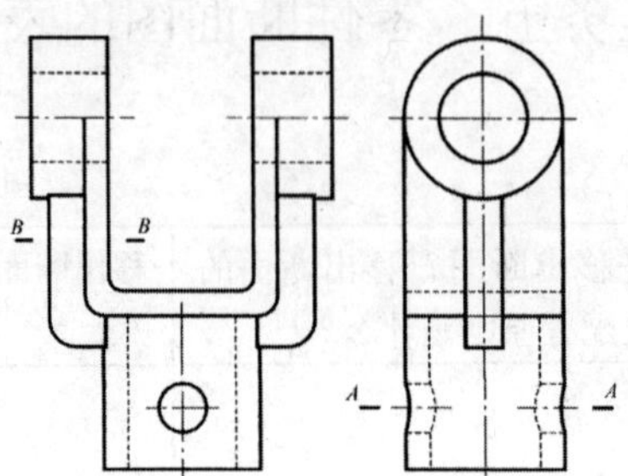

4．在指定位置画出重合断面图。

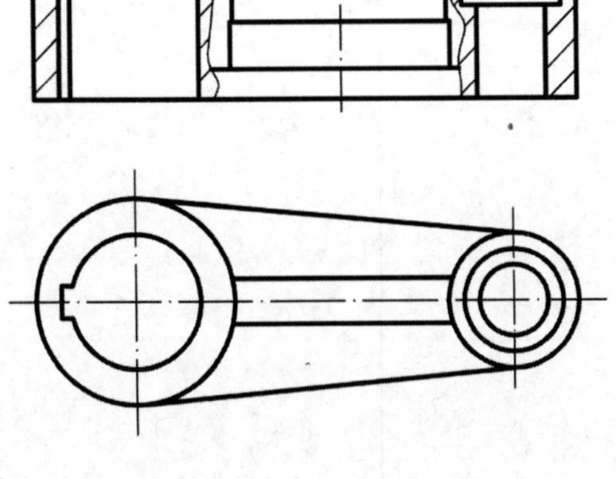

5．在指定位置画出断面图（左面键槽深 4mm，右面键槽深 5mm，中间为通孔）。

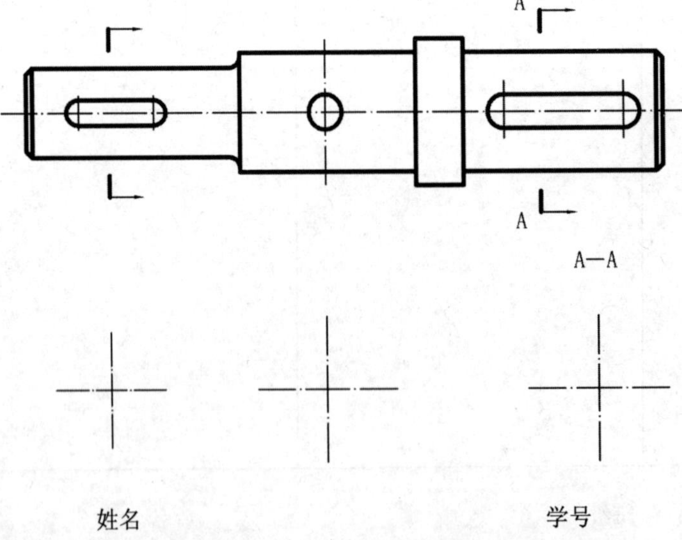

　　班级　　姓名　　学号

6．在指定位置画出移出断面图。

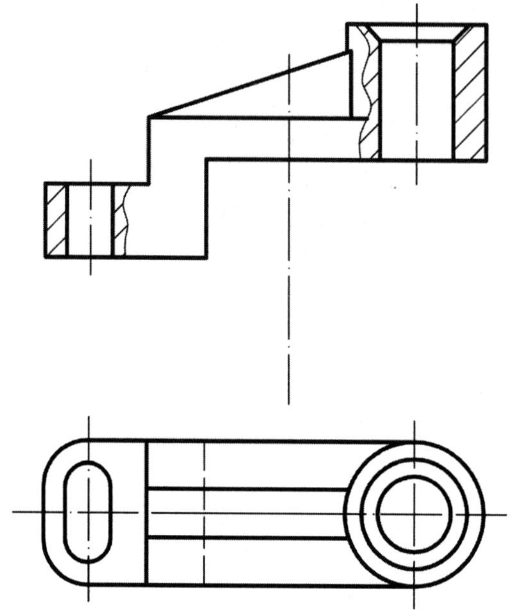

7．改正图中的错误，在空白处，画出正确的图。

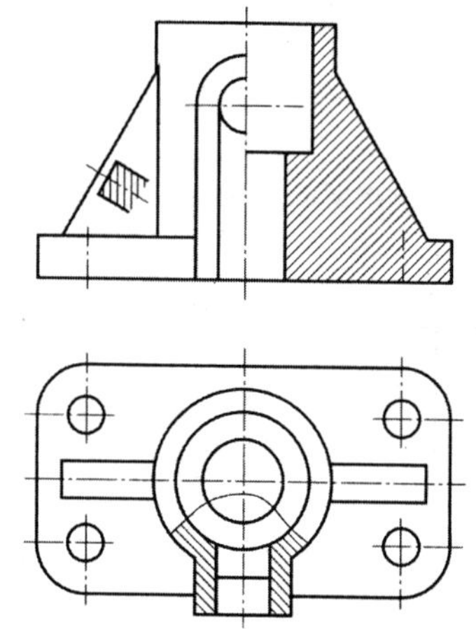

8．学习评价

知识的理解（30分）	技能的掌握（30分）	学习态度（纪律、出勤、勤奋、认真、卫生、安全意识、积极性、任务单的学习情况等）（30分）	团队精神（责任心、竞争、比学赶帮等）（10分）	成绩（100分）

班级　　　　　　　　姓名　　　　　　　　学号

任务六　其他表达方法

1．学习任务单

什么是局部放大图？局部放大图可画成什么？与被放大部分有何关系？放置在哪里？	画局部放大图应注意什么？	剖视、断面图中的简化画法如何？	相同结构和小结构的简化画法如何？	图形的简化画法如何？

班级　　　　姓名　　　　学号

2．指出图中对应的画法，并写在图旁边：①断开画法；②均匀分布的肋板及孔的画法；③对称图形的画法；④相同结构和小结构的简化画法；⑤机件上小平面的画法；⑥过渡线相贯线的简化画法；⑦局部放大。

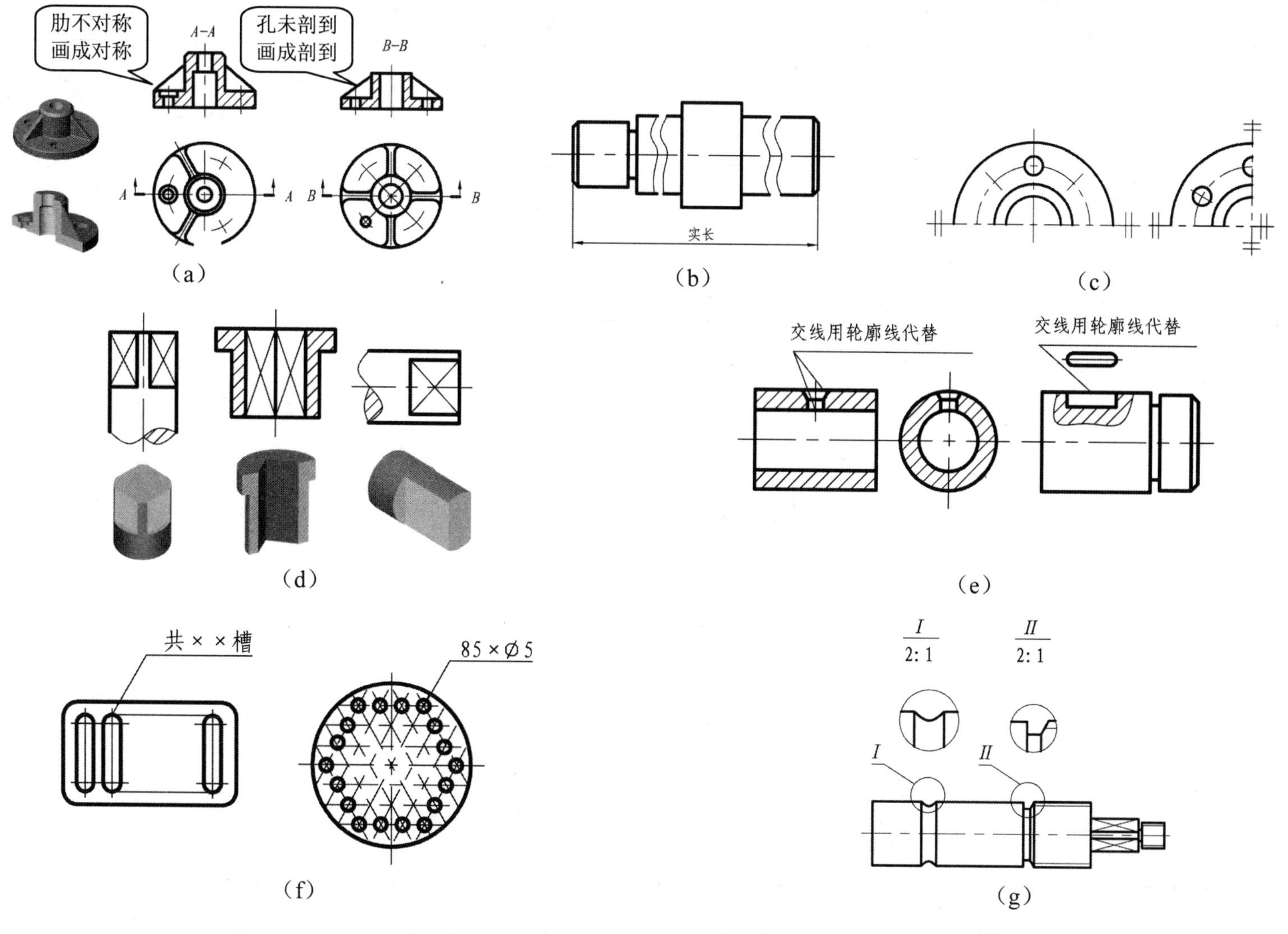

3．学习评价

知识的理解（30分）	技能的掌握（30分）	学习态度（纪律、出勤、勤奋、认真、卫生、安全意识、积极性、任务单的学习情况等）（30分）	团队精神（责任心、竞争、比学赶帮等）（10分）	成绩（100分）

任务七　零件表达方法的综合识读

1．学习任务单

零件表达方法包括哪些？	如何对零件表达方法进行综合识读？

班级　　　　　　姓名　　　　　　学号

2．分析如下图所示管接头的表达方案，并回答问题。

在管接头的表达方案中，采用了 B-B____________剖；俯视图采用了 A-A_____________剖；C-C 称为______________剖；E 和 F 是__________视图。

3．读图回答问题。

A-A 是_________图；B-B 是________图；C-C 是_____图；D 是_________图；E 是_________图。Ⅰ形状如_______视图所示；Ⅱ形状如_______视图所示；Ⅲ形状如_______视图所示；Ⅳ形状如_______视图所示。

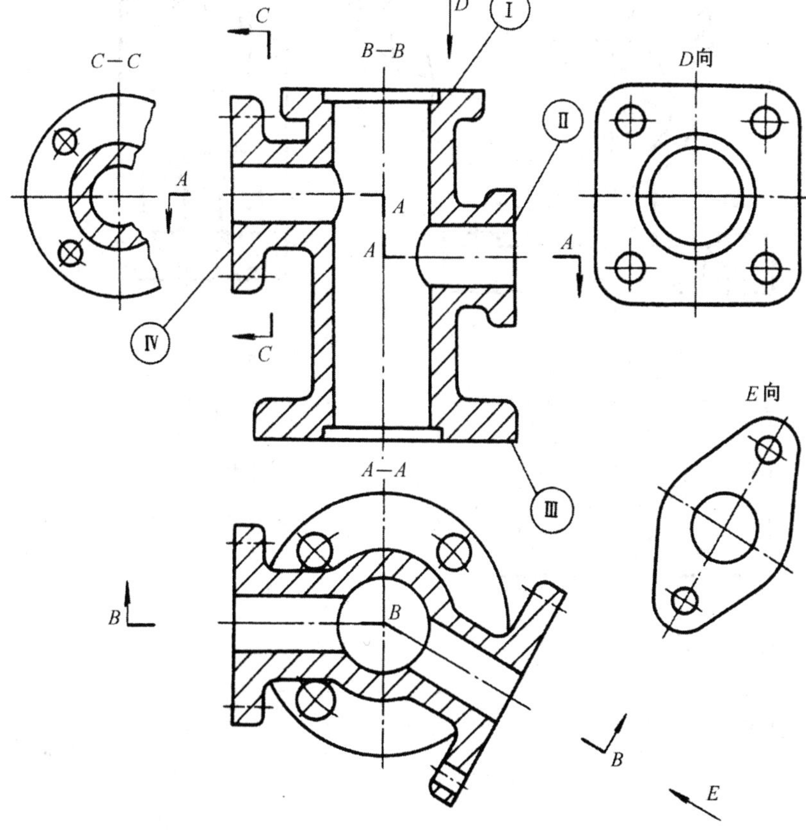

4．分析图中用了什么表达方案。

B-B____________剖；俯视图采用了A-A____________剖；

C-C____________剖；D是__________。想象零件的形状。

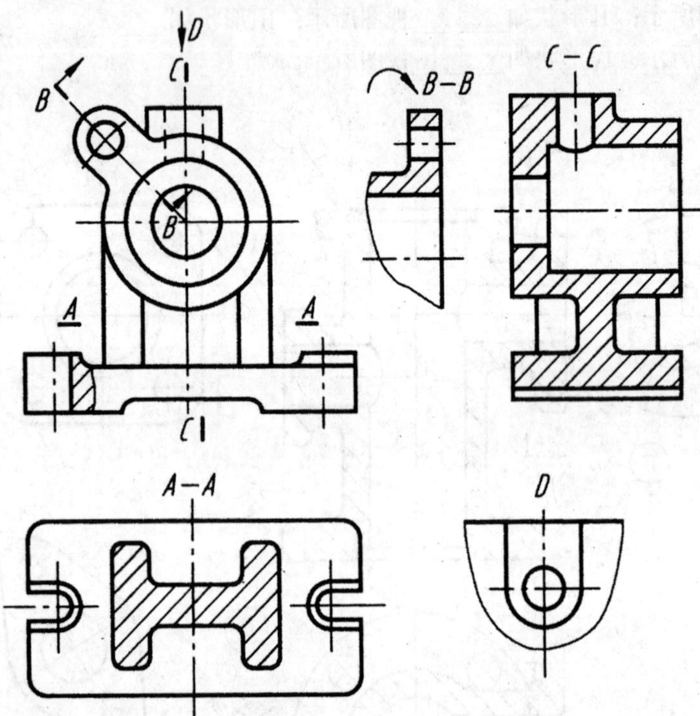

5．将机件的主、俯、左视图改画成适当的剖视图（在空白处画）。

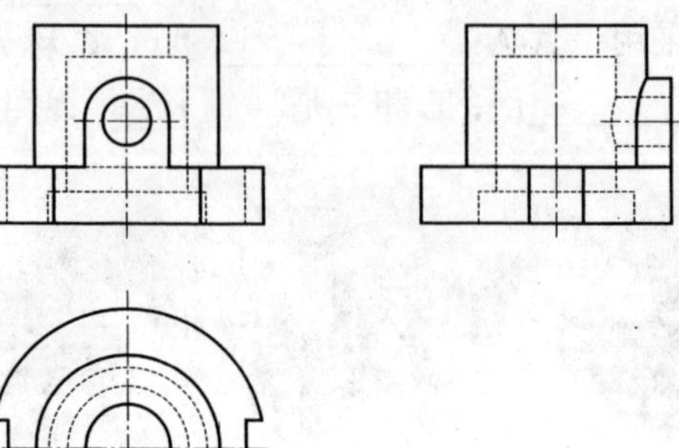

6．学习评价

知识的理解（30分）	技能的掌握（30分）	学习态度（纪律、出勤、勤奋、认真、卫生、安全意识、积极性、任务单的学习情况等）（30分）	团队精神（责任心、竞争、比学赶帮等）（10分）	成绩（100分）

　班级　　姓名　　学号

项目六　常用件和标准件的识绘

任务一　螺纹的基本要素

1．学习任务单

螺纹是怎样形成的？什么是内螺纹？什么是外螺纹？	螺纹的种类有哪些？	螺纹的参数有哪些？	螺纹的公称直径是什么？螺纹的三要素是什么？螺纹的五要素是什么？内外螺纹旋合的条件是什么？	什么是标准螺纹？什么是非标准螺纹？

2. 指出图中哪一个是右旋螺纹？
   哪一个是左旋螺纹？

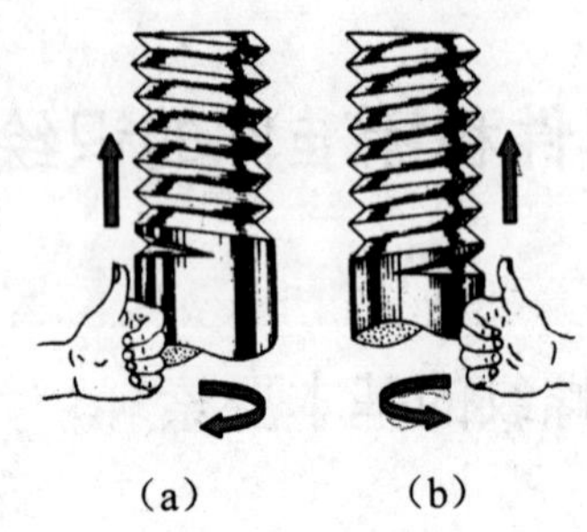

(a)　　(b)

3. 学习评价

知识的理解（30 分）	技能的掌握（30 分）	学习态度（纪律、出勤、勤奋、认真、卫生、安全意识、积极性、任务单的学习情况等）（30 分）	团队精神（责任心、竞争、比学赶帮等）（10 分）	成绩（100 分）

任务二　螺纹的规定画法

1. 学习任务单

外螺纹的规定画法是什么？（用文字叙述同时用图表示）	内螺纹的规定画法是什么？（用文字叙述同时用图表示）	内外螺纹旋合的画法是什么？（用文字叙述同时用图表示）

班级　　　　姓名　　　　学号

2．分析下列螺纹画法中的错误，将正确的视图画在下面。

（1）

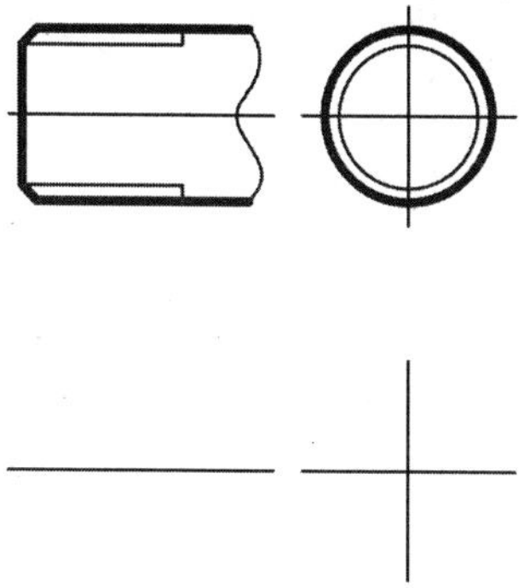

（2）

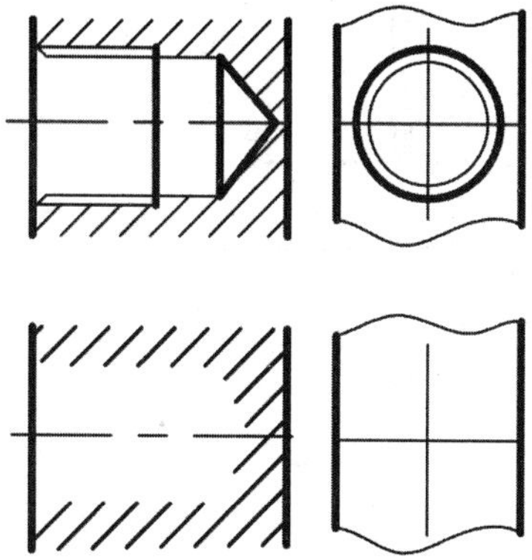

（3）

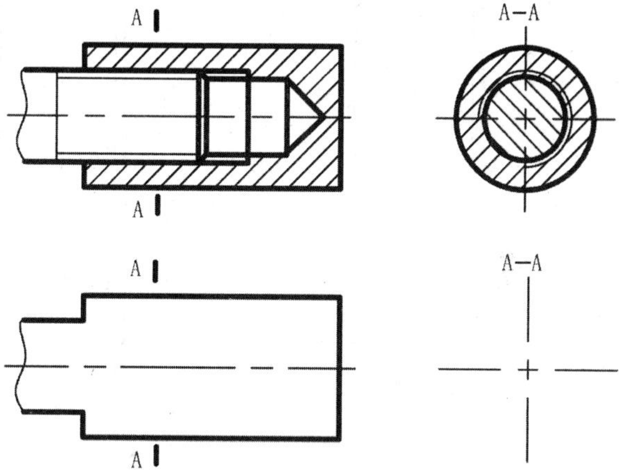

A A-A A

A A-A A

（4）

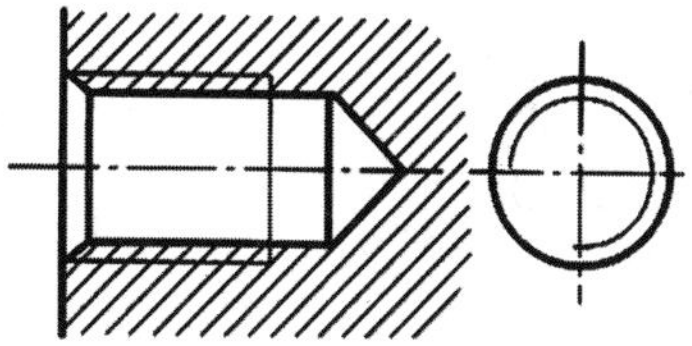

（5）

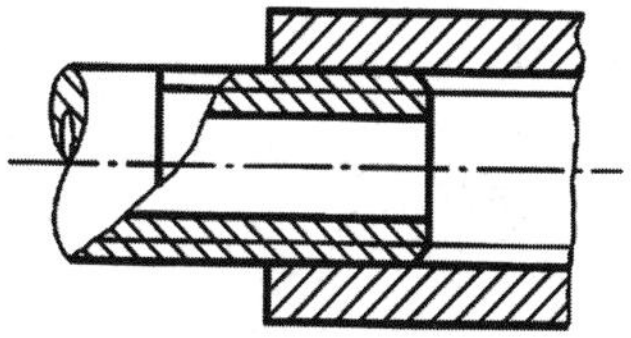

（6）

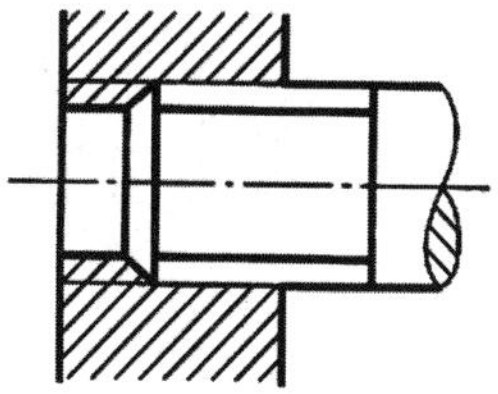

班级 姓名 学号

3．选择正确的答案。

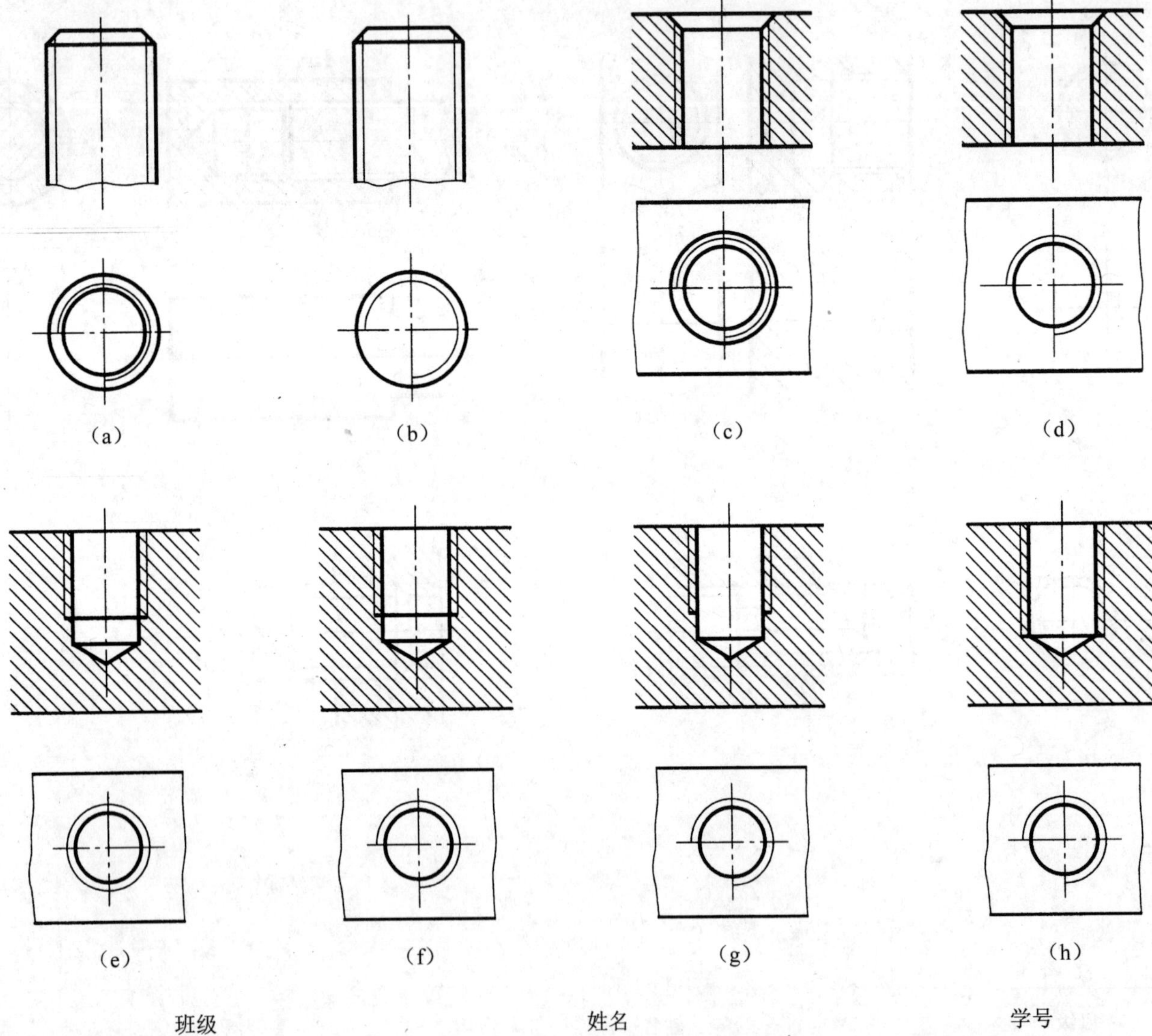

班级　　　　姓名　　　　学号

4．学习评价

知识的理解（30分）	技能的掌握（30分）	学习态度（纪律、出勤、勤奋、认真、卫生、安全意识、积极性、任务单的学习情况等）（30分）	团队精神（责任心、竞争、比学赶帮等）（10分）	成绩（100分）

任务三　常用螺纹紧固件及连接件

1．学习任务单

常用的螺纹连接件有哪些？	螺栓连接的画法？适用于什么场合？如何连接？螺栓连接的紧固件有哪些？	画螺纹连接紧固件的装配图时，应遵守的基本规定如何？用简化画法画出螺栓连接。	螺钉连接按用途分为？各用于什么场合？如何连接？用比例画法画出螺钉连接。	螺柱连接适用于什么场合？如何连接？画螺柱连接图时应注意什么？用简化画法画出螺柱连接。

班级　　　　　　　　姓名　　　　　　　　学号

2. 分析下面螺栓连接画法中的错误，将正确的画在右边。

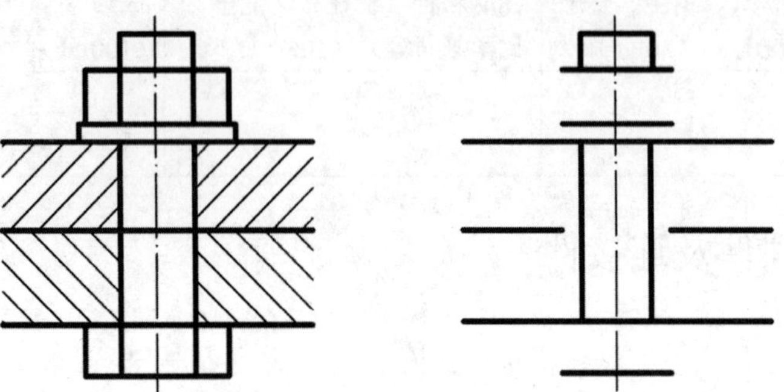

3. 分析下面开槽圆柱头螺钉连接画法中的错误，将正确的画在右边。

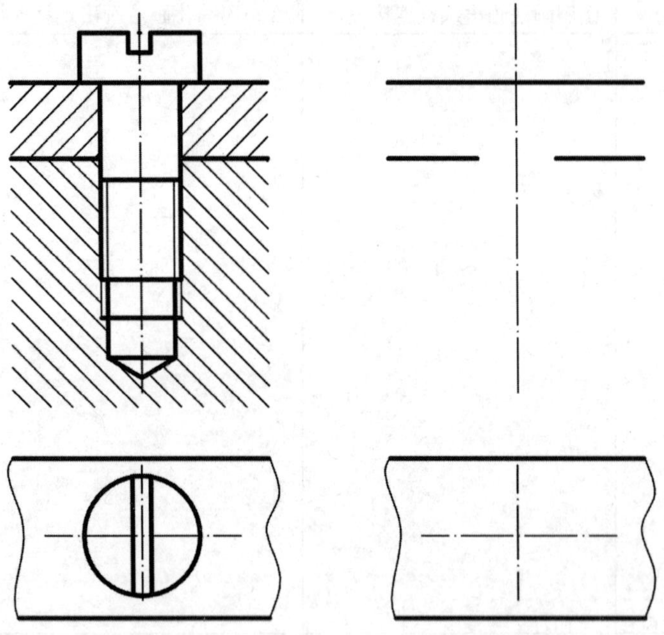

4. 用简化画法画出螺柱连接，其中，主视图为全剖视图，俯视图和左视图为外形视图。

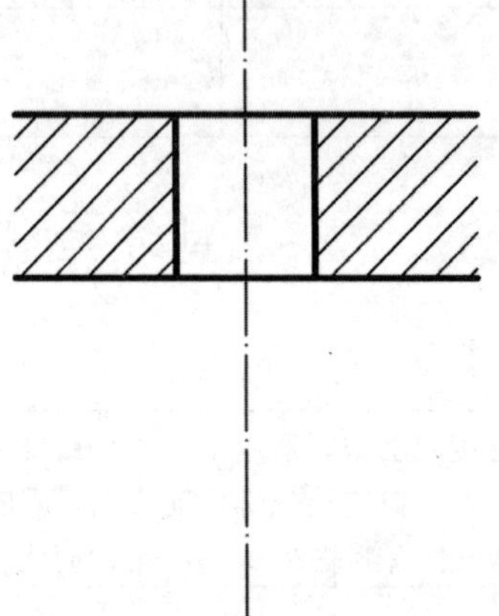

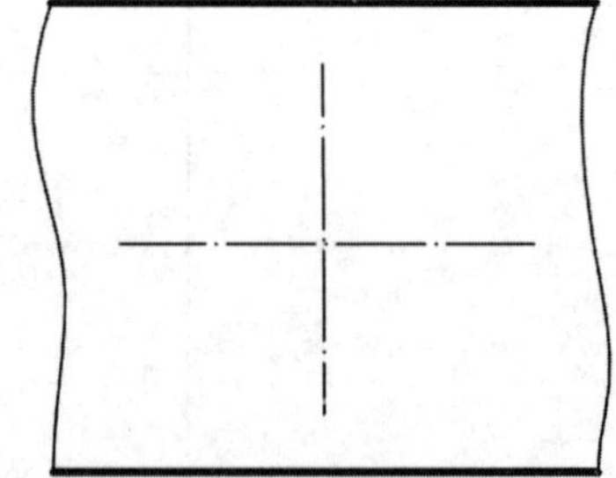

 班级 姓名 学号

5．学习评价

知识的理解（30 分）	技能的掌握（30 分）	学习态度（纪律、出勤、勤奋、认真、卫生、安全意识、积极性、任务单的学习情况等）（30 分）	团队精神（责任心、竞争、比学赶帮等）（10 分）	成绩（100 分）

任务四　螺纹标注

1．学习任务单

普通螺纹的尺寸由什么组成？螺纹标记要注在什么位置？	写出完整的普通螺纹标记。	标注普通螺纹应注意什么？	常用的管螺纹分为哪些？密封管螺纹标注代号如何表示？螺纹特征代号如何表示？	非密封管螺纹标注代号如何表示？螺纹特征代号如何表示？螺纹公差等级代号如何表示？	管螺纹的尺寸代号的含义是什么？	螺纹的标注位置如何？

班级　　　　姓名　　　　学号

2．根据给定的螺纹要素，标注螺纹的尺寸。

（1）普通螺纹：公称直径 20mm，螺距 2.5m，公差带代号 5g6g，中等旋合长度，右旋，螺纹长度 25mm。

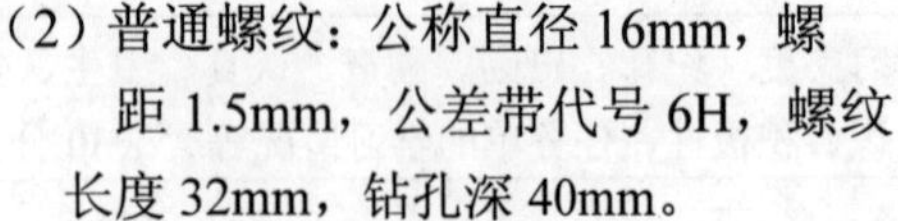

（2）普通螺纹：公称直径 16mm，螺距 1.5mm，公差带代号 6H，螺纹长度 32mm，钻孔深 40mm。

（3）梯形螺纹：公称直径 24mm，螺距 3mm，线数 2，左旋，公差带代号 7，螺纹长度 40mm，退刀槽 8×25。

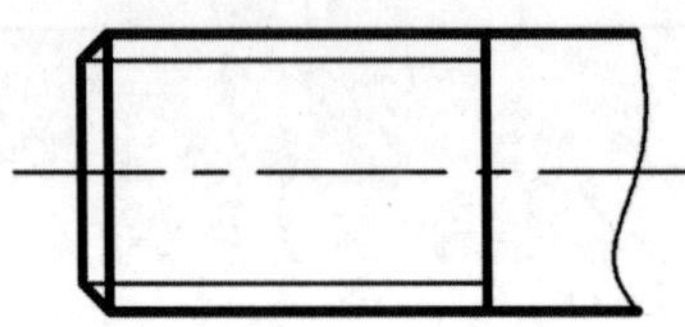

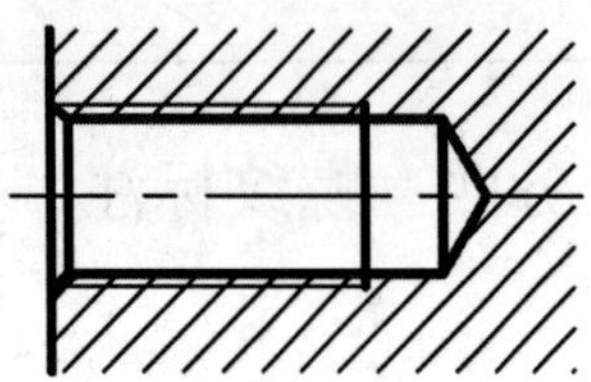

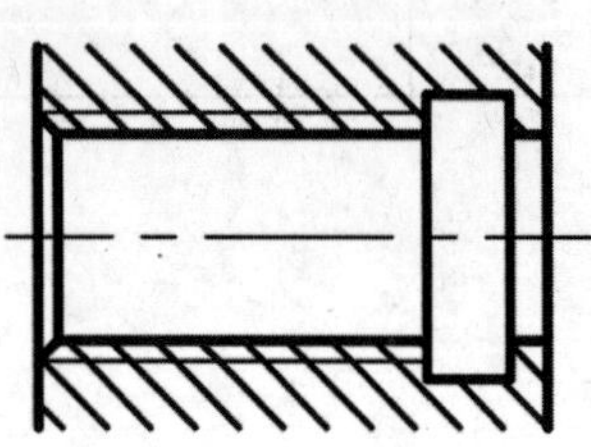

（4）方牙螺纹：大径 32mm，小径 24m，牙宽 4m，螺距 8m，螺纹长 50mm。

（5）非螺纹密封的管螺纹：尺寸代号 3/4，公差等级为 A 级，右旋，螺纹长度 42mm。

（6）非螺纹密封的管螺纹：尺寸代号 1/2，单线，左旋，螺纹长度 25mm 。

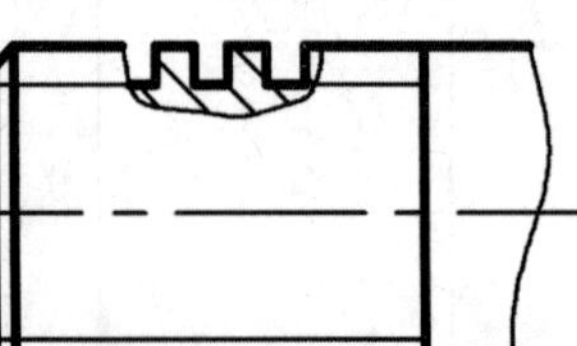

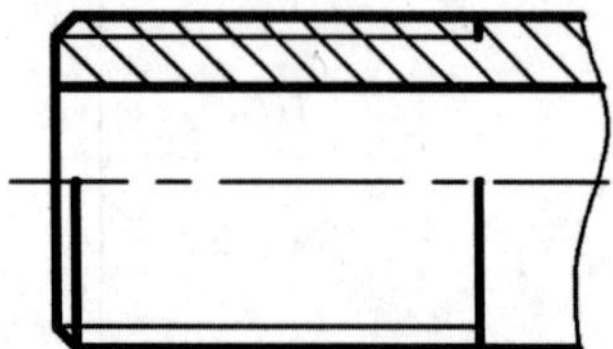

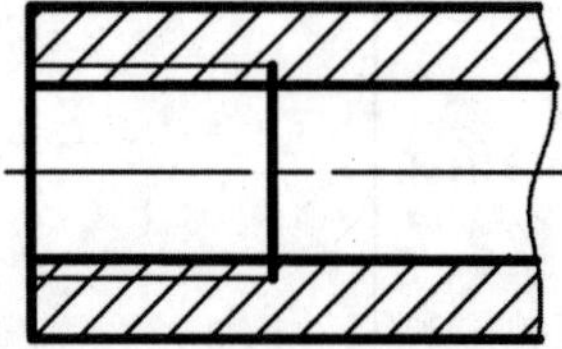

3．学习评价

知识的理解（30 分）	技能的掌握（30 分）	学习态度（纪律、出勤、勤奋、认真、卫生、安全意识、积极性、任务单的学习情况等）（30 分）	团队精神（责任心、竞争、比学赶帮等）（10 分）	成绩（100 分）

班级　　　　姓名　　　　学号

任务五　键和销连接

1．学习任务单

键的功用如何？常用键有哪些？	普通平键连接的画法如何？同时用图表示。	半圆键连接的画法如何？同时用图表示。	钩头楔键连接的画法如何？同时用图表示。	外花键的画法如何？代号标注如何？内花键的画法如何？代号标注如何？	矩形花键连接的画法和代号标注如何？	销的功用如何？类型有哪些？销的标记如何？销连接的画法如何？

班级　　　　　　　　　　　　　　　　姓名　　　　　　　　　　　　　　　　学号

2．已知轴与轮用 A 型普通平键连接。轴的直径为 26mm，键的长度为 35mm。分别注出轴和轮上键槽的尺寸，补全所缺的图线，并完成键连接的装配画法。

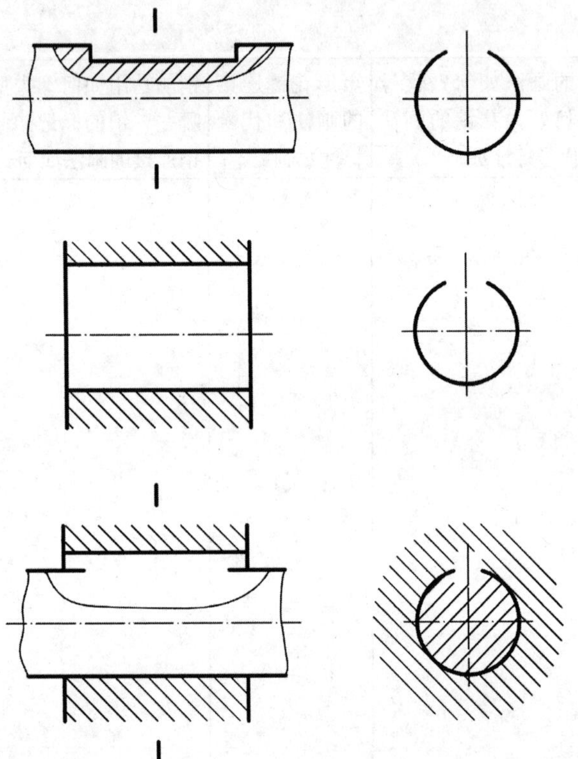

3．已知用销 GB119-86 A5×22 连接齿轮和轴，完成其剖视图。装配图中的比例为 2:1。

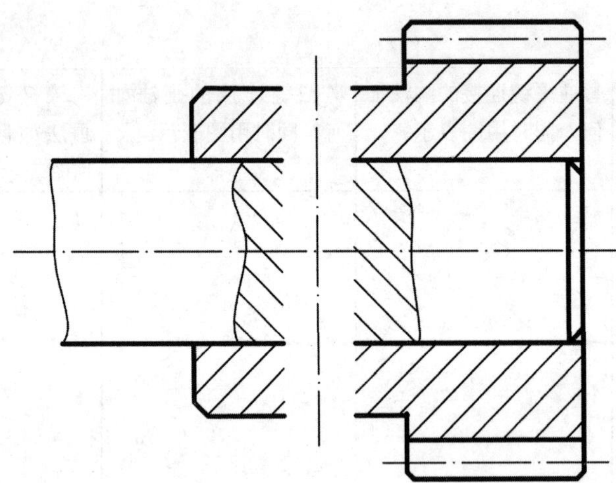

4．学习评价

知识的理解（30 分）	技能的掌握（30 分）	学习态度（纪律、出勤、勤奋、认真、卫生、安全意识、积极性、任务单的学习情况等）（30 分）	团队精神（责任心、竞争、比学赶帮等）（10 分）	成绩（100 分）

班级　　　　　　姓名　　　　　　学号

任务六　齿轮的基本知识

1．学习任务单

齿轮的作用如何？结构如何？	常见的齿轮传动形式有哪些？	直齿圆柱齿轮各部分的名称概念如何？什么是标准齿轮？一对齿轮啮合时满足什么条件？

班级　　　　　　　　姓名　　　　　　　　学号

2．解释图中齿轮的各参数。

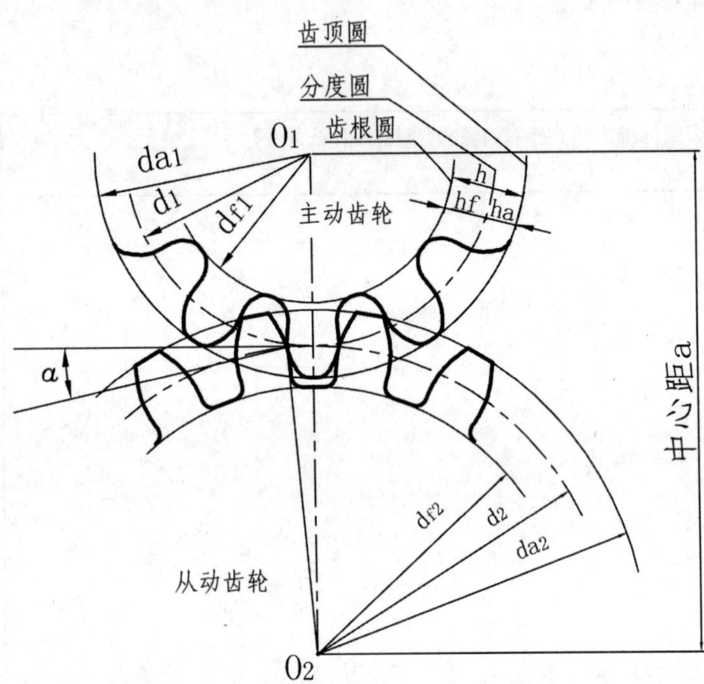

3．学习评价

知识的理解（30分）	技能的掌握（30分）	学习态度（纪律、出勤、勤奋、认真、卫生、安全意识、积极性、任务单的学习情况等）（30分）	团队精神（责任心、竞争、比学赶帮等）（10分）	成绩（100分）

　班级　　姓名　　学号

任务七　圆柱齿轮的规定画法

1．学习任务单

单个齿轮的画法如何？同时用图表示。	齿轮零件图的画法如何？	两齿轮啮合的画法如何？同时用图表示。

班级　　　　　　　　　　　　姓名　　　　　　　　　　　　学号

2．如图所示，已知：直齿圆柱齿轮模数 m=2.5，齿数 z=40。

要求：

（1）计算该齿轮的分度圆直径、齿顶圆直径、齿根圆直径；

（2）补全主视图缺少的图线；

（3）标注轮齿部分的尺寸。

3．如图所示，已知：一对啮合齿轮模数 m=3．齿数分别为 z_1=17、z_2=25。

要求：

（1）分别计算两齿轮的分度圆、齿顶圆、齿根圆直径；

（2）补画主、左视图中所缺少的图线。

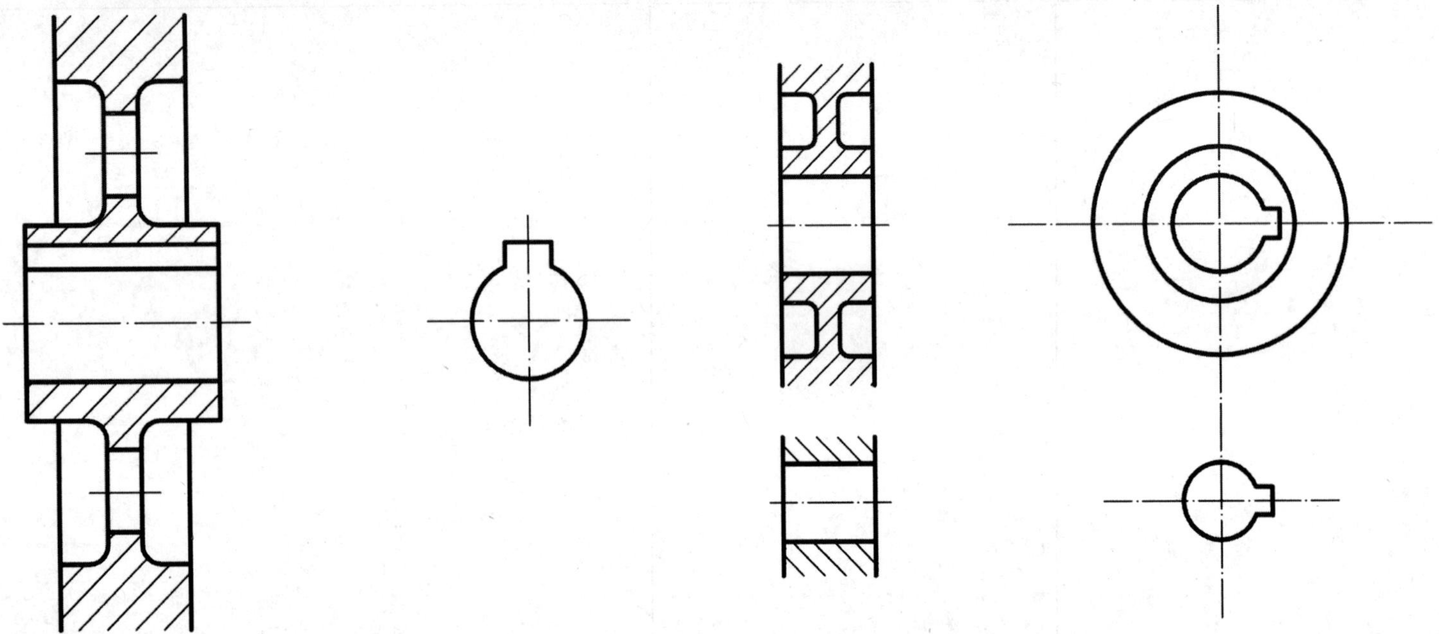

4．学习评价

知识的理解（30 分）	技能的掌握（30 分）	学习态度（纪律、出勤、勤奋、认真、卫生、安全意识、积极性、任务单的学习情况等）（30 分）	团队精神（责任心、竞争、比学赶帮等）（10 分）	成绩（100 分）

班级　　　　姓名　　　　学号

任务八　滚动轴承的画法

1．学习任务单

滚动轴承的结构如何？	滚动轴承的类型包括哪些？	滚动轴承的画法有哪些？通用画法如何？特征画法如何？	规定画法如何？	滚动轴承的代号如何？

班级　　　　　　　　　　姓名　　　　　　　　　　学号

2．已知阶梯轴，支承轴肩处直径为 25mm，用简化画法按 1:1 的比例画出轴承的下半部分，如图所示，并说出轴承代号的含义。

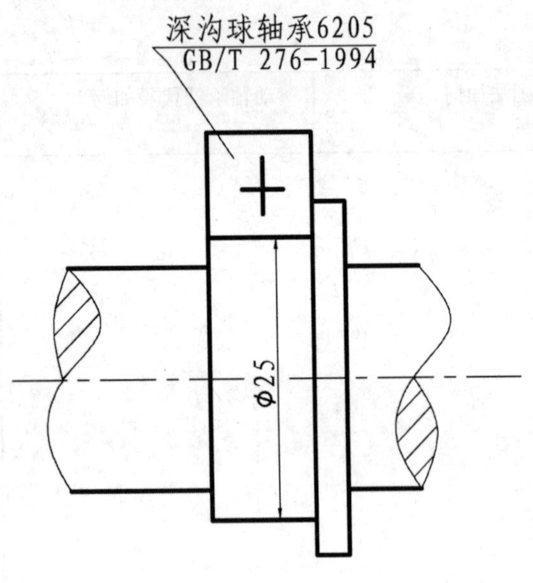

3．画出装配图中的角接触球轴承（GB/T 292-1994），一边用规定画法，一边用通用画法。

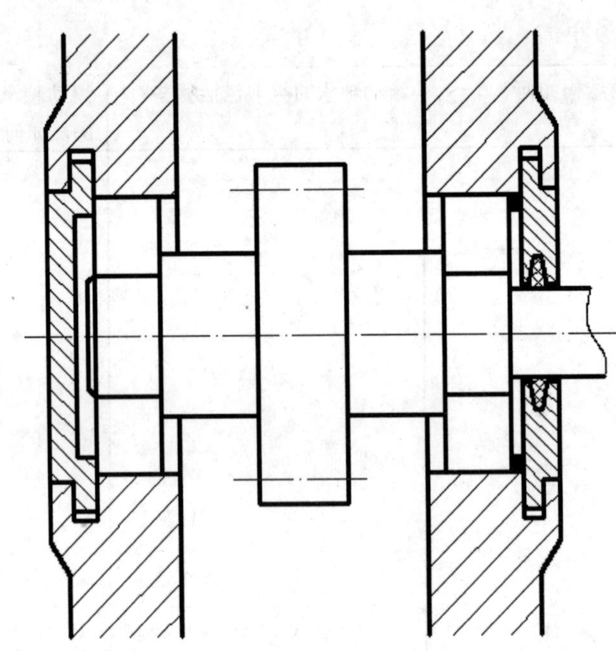

4．学习评价

知识的理解（30 分）	技能的掌握（30 分）	学习态度（纪律、出勤、勤奋、认真、卫生、安全意识、积极性、任务单的学习情况等）（30 分）	团队精神（责任心、竞争、比学赶帮等）（10 分）	成绩（100 分）

　班级　　　　姓名　　　　学号

项目七　机械图样的识绘

任务一　零件图的作用、内容、视图选择

1．学习任务单

零件、零件图的概念是什么？	零件的分类如何？	零件图的内容包括哪些？	如何选择零件图的视图？	选择零件表达方案的步骤如何？

2．分析下图鸭嘴榔头的结构形状，选择最佳的表达方案，画出鸭嘴榔头零件图，不标注尺寸。

3．根据阀盖的立体图绘制零件图（大作业三：在完成此题的基础上，用 A4 纸画出阀盖的零件图）。

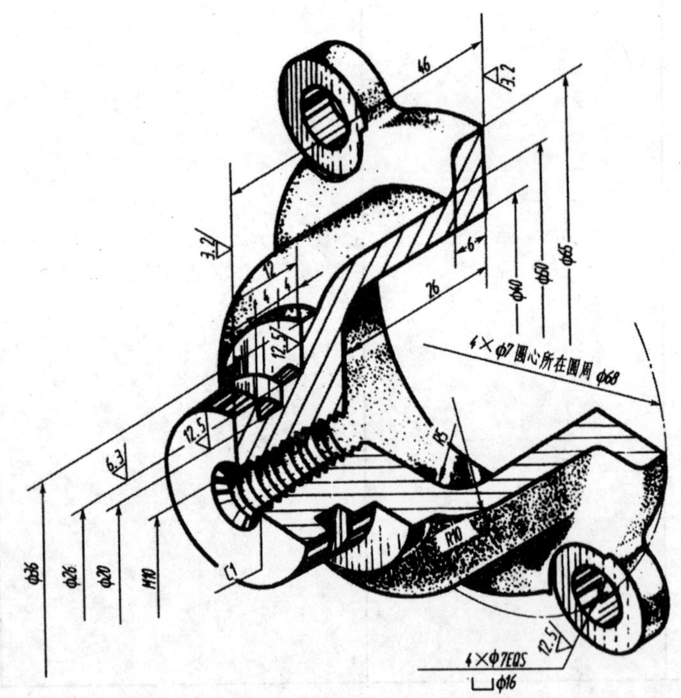

4．根据轴的立体图绘制零件图。

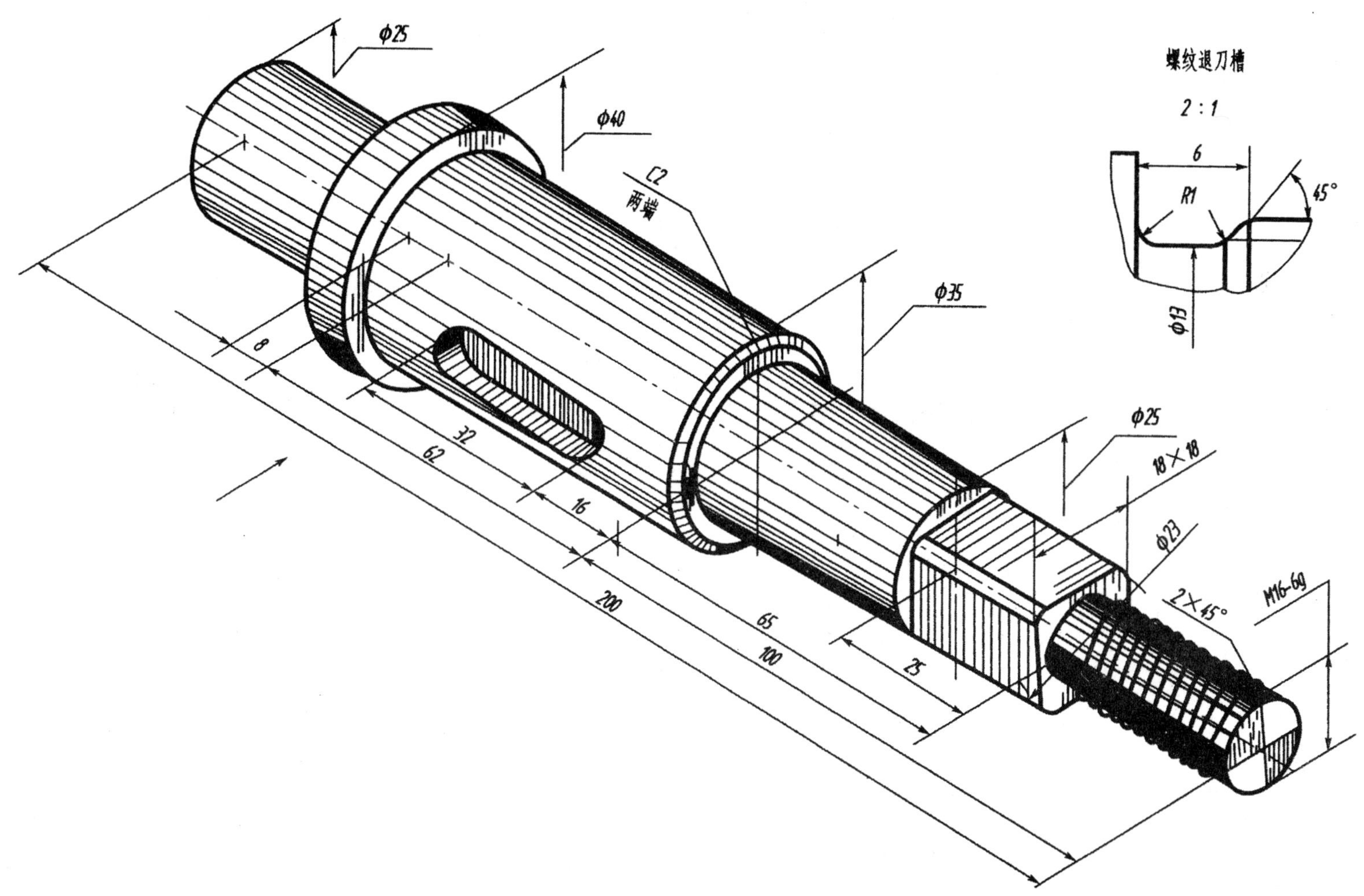

5. 学习评价

知识的理解（30 分）	技能的掌握（30 分）	学习态度（纪律、出勤、勤奋、认真、卫生、安全意识、积极性、任务单的学习情况等）（30 分）	团队精神（责任心、竞争、比学赶帮等）（10 分）	成绩（100 分）

班级　　　　　　　　姓名　　　　　　　　学号

任务二　极限与配合

1．学习任务单

什么是互换性？如何保证？	公称尺寸、实际尺寸、上极限尺寸、下极限尺寸的概念是什么？	偏差、上极限偏差、下极限偏差、基本偏差、公差的概念是什么？	什么是公差带图、公差带、零线？公差带的大小和位置分别由什么确定？标准公差等级有哪些？	孔和轴的基本偏差代号如何？	什么是配合？分为哪些？概念如何？	什么是基孔制？什么是基轴制？在零件图和装配图上如何标注？

班级　　　　　　　　姓名　　　　　　　　学号

2．说明∅28H7、∅30f6的含义。

∅28H7中，公称尺寸为__________，基本偏差代号为__________，标准公差等级为________级的____（孔、轴）。查表可得上、下极限偏差为____________，上、下极限尺寸为______________。

∅30f6中，公称尺寸为__________，基本偏差代号为__________，标准公差等级为________级的____（孔、轴）。查表可得上、下极限偏差为____________，上、下极限尺寸为______________。

$\varnothing 26^{0}_{-0.013}$中，∅26是________，上极限偏差为__________，下极限偏差为__________。

3．滑动轴承组合件的配合尺寸如图所示。

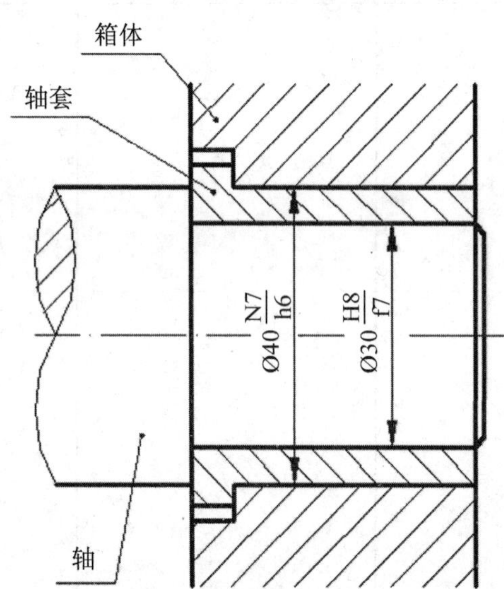

（1）试说明配合尺寸$\varnothing 30\frac{H8}{f7}$的含义：

公称尺寸为________，基准制为________，标准公差等级：孔为______级，轴为_______级。基本偏差代号：孔为______，轴为________。该配合是__________制________配合。

（2）根据上图所注配合尺寸，分别在相应的零件图上注出公称尺寸和公差带代号。

 班级 姓名 学号

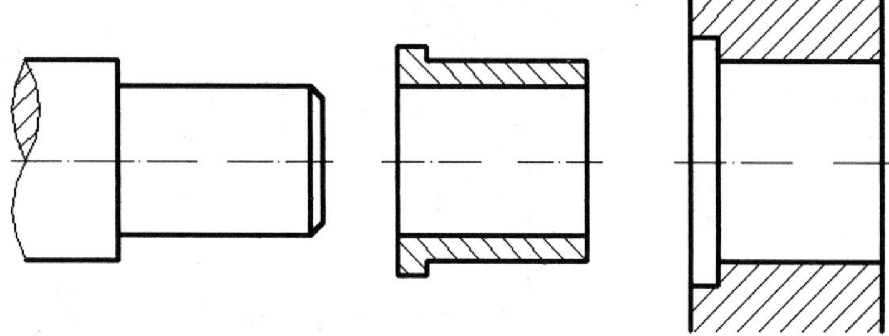

4．读懂下图中极限与配合的装配尺寸，并按要求注写在零件图中。

（1）代号注法。

（2）数值注法。

（3）代号数值注法。

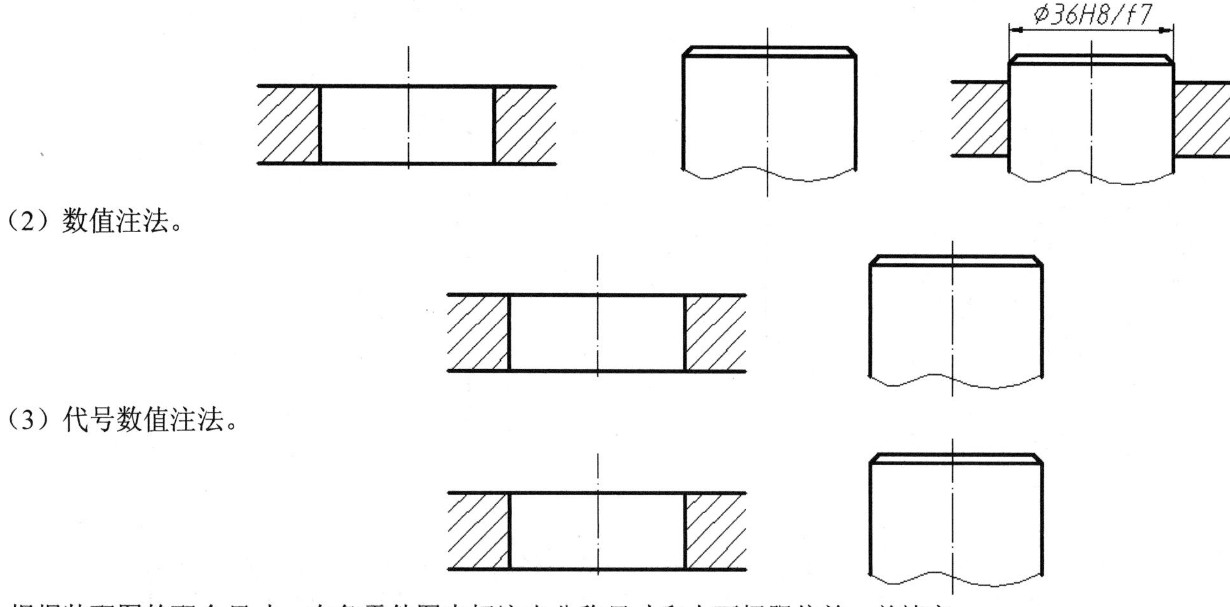

5．根据装配图的配合尺寸，在各零件图中标注出公称尺寸和上下极限偏差，并填空。

（1）齿轮和轴的配合采用基________制，________配合，齿轮的公差带代号为______________。

（2）销和轴的配合采用基________制，________配合，销的公差带代号为______________。

班级　　　　　　　　　　姓名　　　　　　　　　　学号

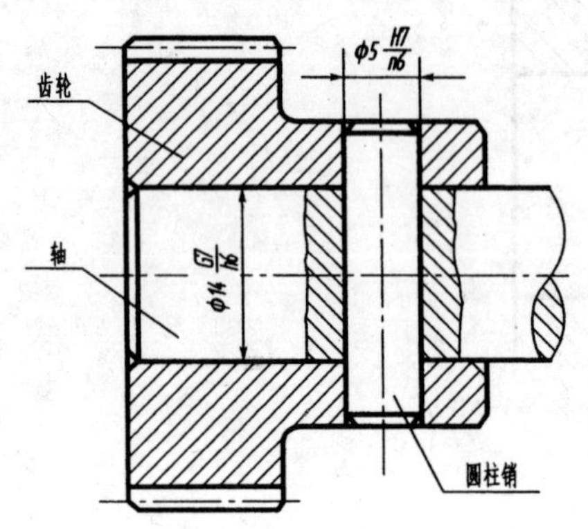

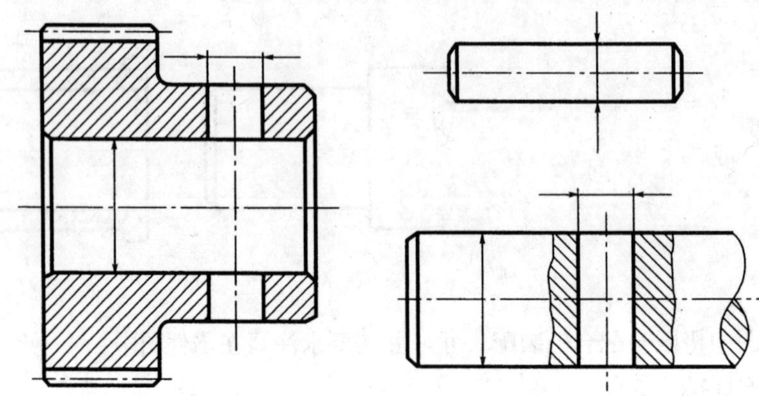

6．轴和轴承的配合采用基______制，轴的公差带代号为____________，_______配合。轴承和壳体的配合采用基______制，壳体的公差带代号为____________，_______配合。

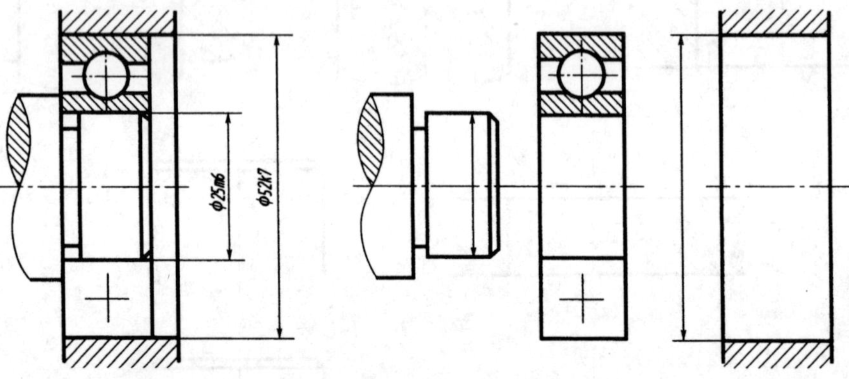

7．学习评价

知识的理解（30 分）	技能的掌握（30 分）	学习态度（纪律、出勤、勤奋、认真、卫生、安全意识、积极性、任务单的学习情况等）（30 分）	团队精神（责任心、竞争、比学赶帮等）（10 分）	成绩（100 分）

　　班级　　姓名　　学号

任务三　表面结构要求

1．学习任务单

零件图的技术要求包括哪些？	什么是表面粗糙度轮廓？如何评定？	表面粗糙度轮廓的选择如何？	表面结构的图形符号是什么？表面结构参数代号和数值，以及加工工艺、表面纹理和方向、加工余量的注写如何？	表面结构符号、代号的标注位置和方法如何？	表面结构要求的简化注法如何？	表面结构要求图形标注的新旧标准的注意事项如何？

班级　　　　　　　　　　　　　　　姓名　　　　　　　　　　　　　　　学号

2．指出图中所标注的表面粗糙度轮廓值的错误之处，并改正。

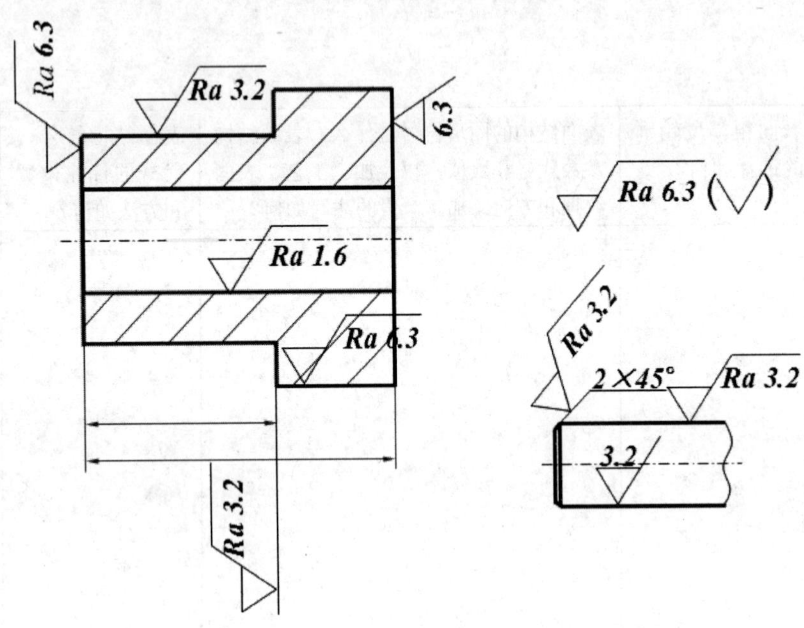

3．学习评价

知识的理解（30 分）	技能的掌握（30 分）	学习态度（纪律、出勤、勤奋、认真、卫生、安全意识、积极性、任务单的学习情况等）（30 分）	团队精神（责任心、竞争、比学赶帮等）（10 分）	成绩（100 分）

　班级　　姓名　　学号

任务四　几何公差

1．学习任务单

几何公差的项目及定义如何？	几何公差的几何特征符号如何？	几何公差的附加符号如何？	几何公差框格的画法如何？基准符号的画法如何？	要素、基准要素、被测要素的概念？	被测要素如何标注？	基准要素如何标注？	GB/T 1182－2008 与 GB/T 1182－1996 比较的区别有哪些？

班级　　　　　　　　　　　　　　　　姓名　　　　　　　　　　　　　　　　学号

2．下图的标注是否正确？在正确的图号边打“√”，在错误的图号边打“×”。

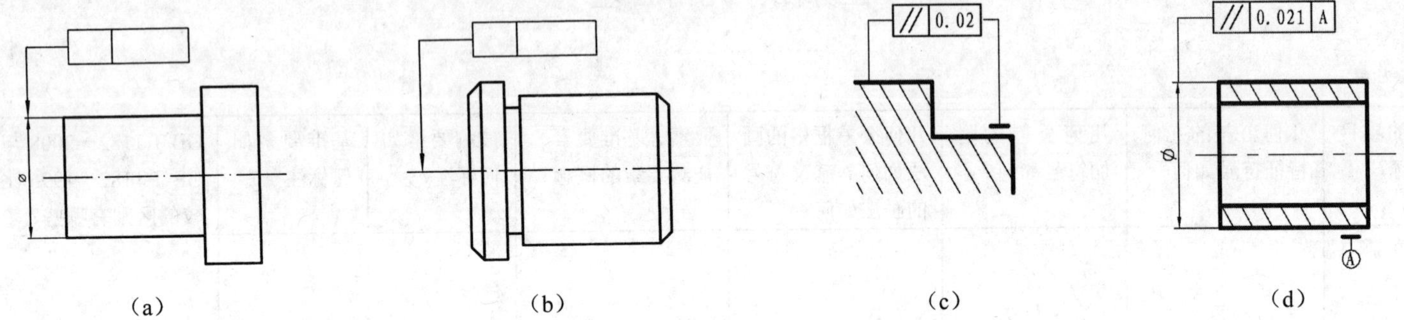

（a）　（b）　（c）　（d）

3．∅25h6 圆柱面对 2× ∅17k5 公共轴线的径向全跳动公差为 0.025；左端 ∅17k5 轴线对右端 ∅17k5 轴线的同轴度公差为 0.02；端面 A 对 ∅25h6 轴线的垂直度公差为 0.04；键槽 8P9 对 ∅25h6 轴线的对称度公差为 0.03，将其标注在下图中。

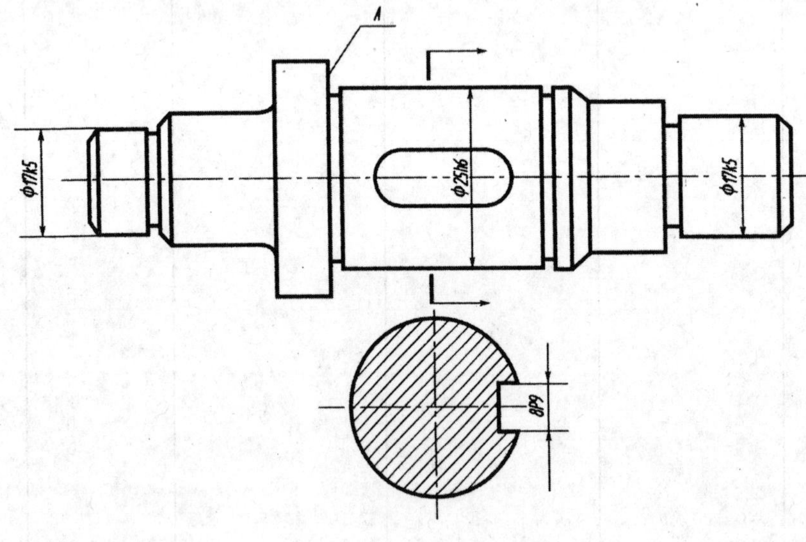

4．解释图中几何公差的含义。

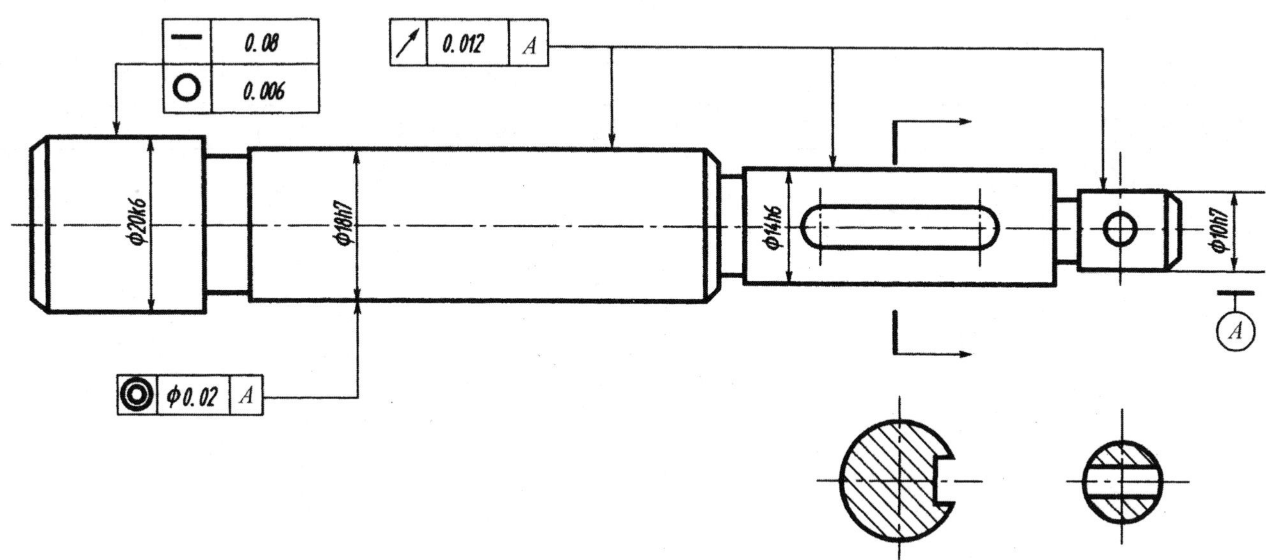

5．学习评价

知识的理解（30 分）	技能的掌握（30 分）	学习态度（纪律、出勤、勤奋、认真、卫生、安全意识、积极性、任务单的学习情况等）（30 分）	团队精神（责任心、竞争、比学赶帮等）（10 分）	成绩（100 分）

班级　　　　　　　　　　　　姓名　　　　　　　　　　　　学号

任务五　零件常见的工艺结构

1．学习任务单

铸造零件的工艺结构如何？	零件加工面的常见工艺结构如何？

2．学习评价

知识的理解（30 分）	技能的掌握（30 分）	学习态度（纪律、出勤、勤奋、认真、卫生、安全意识、积极性、任务单的学习情况等）（30 分）	团队精神（责任心、竞争、比学赶帮等）（10 分）	成绩（100 分）

　　班级　　姓名　　学号

任务六　零件图的尺寸标注

1．学习任务单

为何选择尺寸基准？选在什么位置？基准分为哪些？	什么是设计基准？	什么是工艺基准？	主要基准与辅助基准如何？	零件图中尺寸标注的注意事项如何？	零件上常见结构的尺寸标注如何？

班级　　　　　　　　　　姓名　　　　　　　　　　学号

2．按轴的加工顺序标注尺寸（从图中直接量取，取整）。

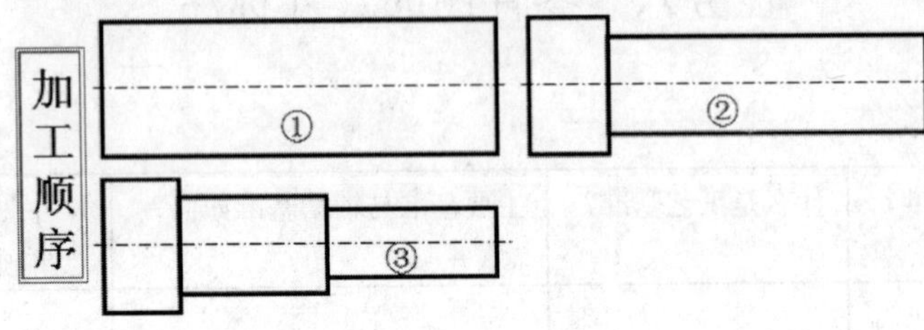

3．标注零件图的尺寸（从图中直接量取，取整）。

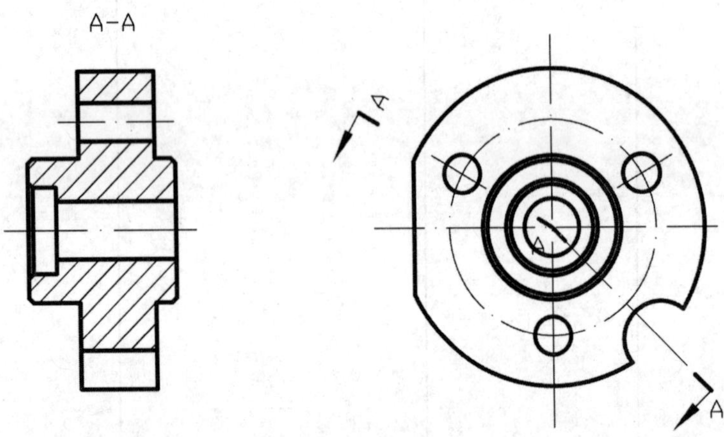

4．学习评价

知识的理解（30 分）	技能的掌握（30 分）	学习态度（纪律、出勤、勤奋、认真、卫生、安全意识、积极性、任务单的学习情况等）（30 分）	团队精神（责任心、竞争、比学赶帮等）（10 分）	成绩（100 分）

　　班级　　　　姓名　　　　学号

任务七　轴套类零件图的识绘

1. 学习任务单

轴套类零件的用途、结构特点如何？	轴套类零件的表达方法如何？	轴套类零件的尺寸标注如何？	轴套类零件的技术要求如何？

班级　　　　　　姓名　　　　　　学号

2．读轴类零件图并回答问题。

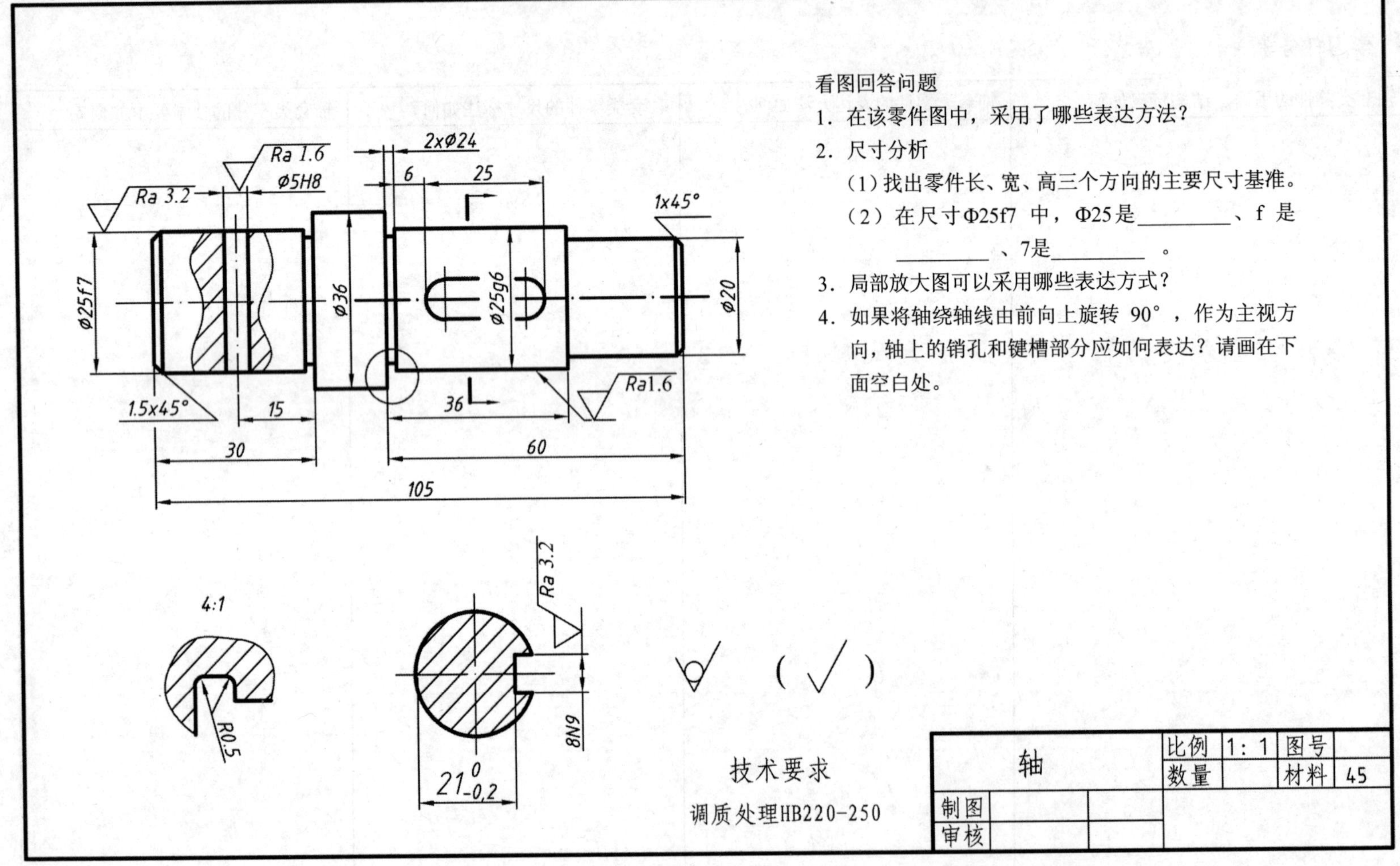

班级 姓名 学号

3．读轴的零件图，并回答问题。

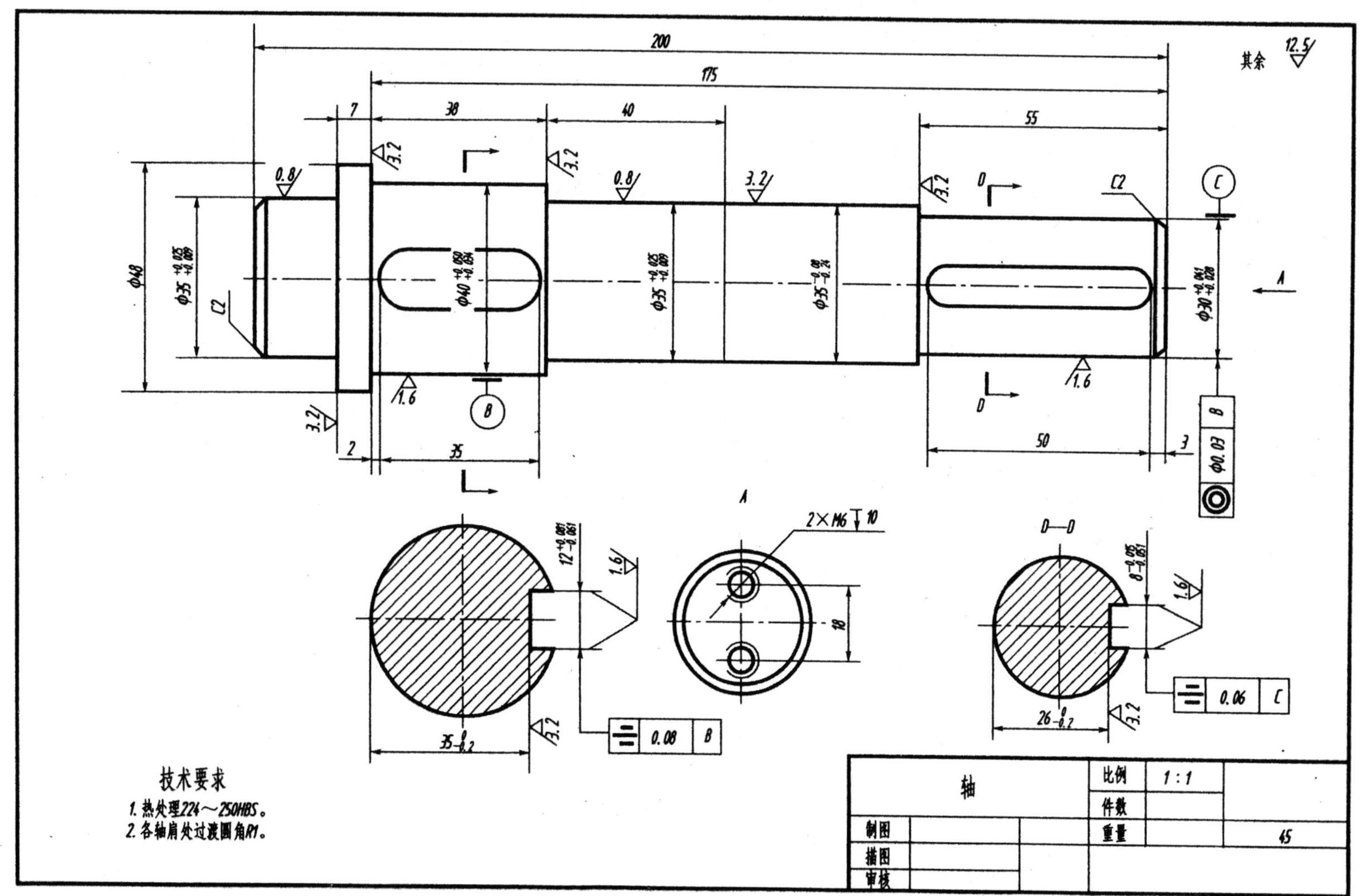

班级　　　　　　　　　　　　　　姓名　　　　　　　　　　　　　　学号

（1）零件名称为____________，材料为____________，比例为______________。

（2）轴用了_______个视图表达，各视图的名称和剖切方法为______________________________________。

（3）轴上两个键槽的宽度分别为______________，深度为_______________，长度方向的定位尺寸为_________________。

（4）尺寸$\varnothing 35^{+0.025}_{+0.009}$的上极限尺寸是______________，下极限尺寸是_____________，公差是__________。

（5）在轴的加工表中，要求最高的表面粗糙度轮廓代号为________________，这种表面有______________处。

（6）图中有__________处几何公差代号，解释框中[≡ 0.08 B]的含义，被测要素是___________，基准要素是__________，公差项目是___________，公差值是______________。

4．读轴套的零件图，并回答问题。

（1）零件名称为____________，材料为____________，比例为______________，属于____________比例。

（2）零件用了________个图形表达，主视图是__________，A-A是__________图，B-B是__________图，D-D是_________图，还有一个_______图。

（3）在主视图中，左边两条虚线的距离是_______，与两条虚线右边相连圆的直径是_______。中间正方形的边长是______。中间40长的圆柱孔的直径是____________。

（4）零件长度方向的尺寸基准是______________，宽度方向和高度方向的尺寸基准是______________。

（5）主视图中，227和142±0.1属于____________尺寸，40和49属于____________尺寸，图中①所指的曲线是______与______的相贯线，图中②所指的曲线是______与______的相贯线。

（6）尺寸$\varnothing 132\pm 0.2$的上极限尺寸是__________，下极限尺寸是_________，公差是_____________。

（7）[◎ φ0.04 C]表示：__________圆柱的__________对___________圆柱孔轴线的____________，公差值为__________。

班级　　　　　　　　姓名　　　　　　　　学号

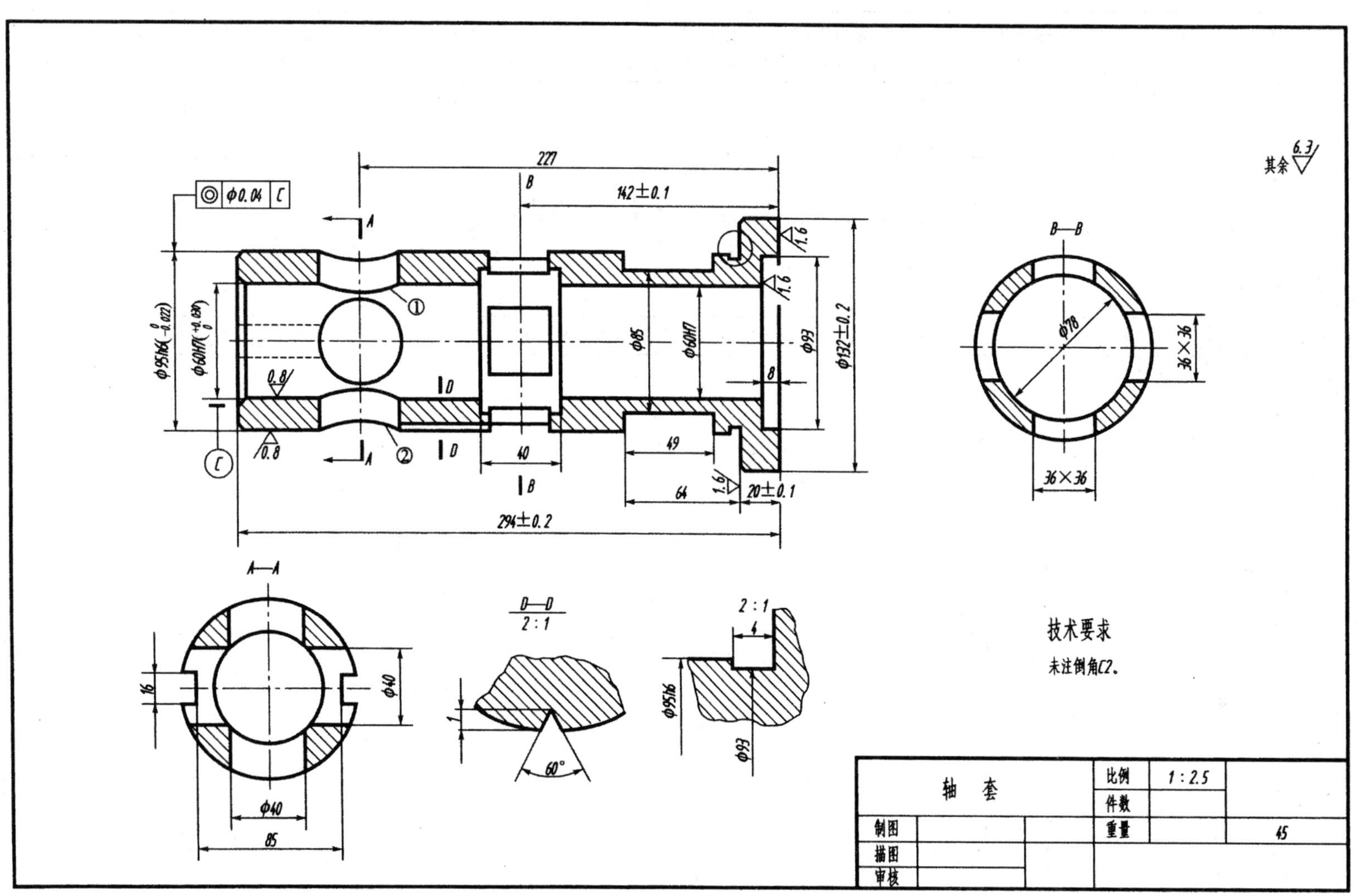

其余 6.3
227
142±0.1
φ0.04 C
B—B
φ78
36×36
36×36
φ95h6
φ60H7
φ85
φ60H7
φ93
φ132±0.2
0.8
1.6
49
40
64
20±0.1
294±0.2
A—A
16
φ40
φ40
85
D—D
2:1
60°
2:1
4
φ95h6
φ93
技术要求
未注倒角C2。
轴　套
比例
1:2.5
件数
重量
45
制图
描图
审核

5．学习评价

知识的理解（30 分）	技能的掌握（30 分）	学习态度（纪律、出勤、勤奋、认真、卫生、安全意识、积极性、任务单的学习情况等）（30 分）	团队精神（责任心、竞争、比学赶帮等）（10 分）	成绩（100 分）

任务八　盘盖类零件图的识绘

1．学习任务单

盘盖类零件的用途、结构特点如何？	盘盖类零件的表达方法如何？	盘盖类零件的尺寸标注如何？	盘盖类零件的技术要求如何？

班级　　　　姓名　　　　学号

2．读盘盖类图回答问题。

（1）零件的名称是______________，比例是__________，材料是__________，其中 HT 表示__________，200 表示__________。

（2）零件用了_________个基本视图，其中 A-A 是________剖切的________图。

（3）尺寸 2×∅6.5 表示有________个公称尺寸是____________的孔，其定位尺寸是____________。

（4）图中有 3 个沉孔，其大孔直径是_____________，深度是__________，小孔直径是________，其定位尺寸是____________。

（5）尺寸 $\varnothing 65^{+0.03}_{0}$ 的公称尺寸是____________，上极限尺寸是_____________，下极限尺寸是____________，上极限偏差是__________，下极限偏差是__________，公差是___________。

（6）零件加工表面粗糙度轮廓要求最小的是____________，最大的是________，其他表面粗糙度轮廓代号是______________。

（7）图中框格表示被测要素是_____________，基准要素是_____________，公差项目是__________，公差值是________。

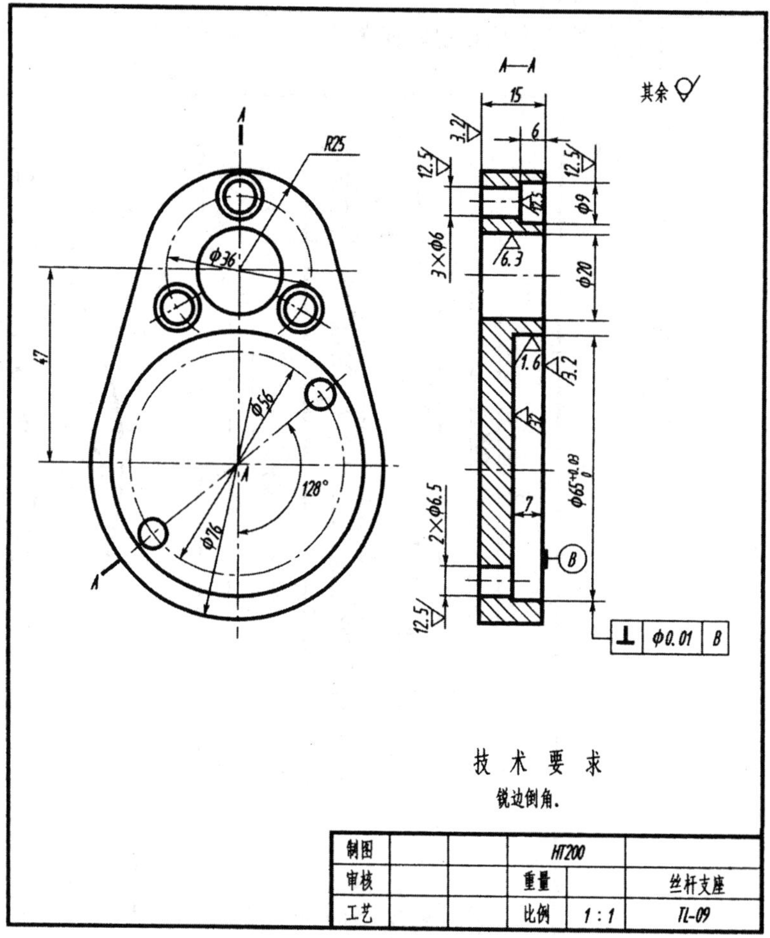

3．读盘盖类图回答问题。

（1）分析压盖的表达方法。

（2）图中哪些尺寸有公差要求？

（3）①、②、③处表面度粗糙轮廓值为多少？

（4）在视图上宽 10 的槽有几个？槽深为多少？

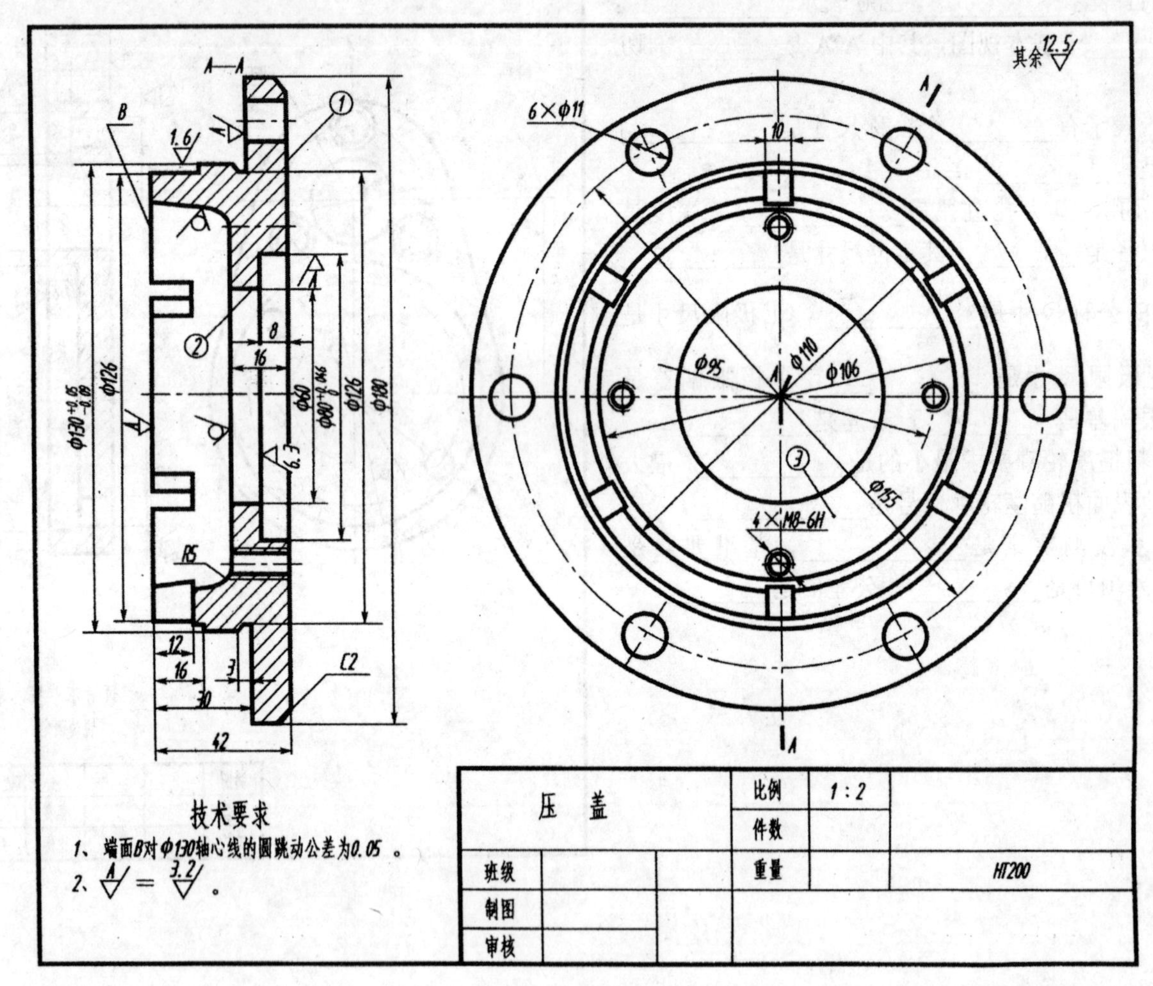

 班级 姓名 学号

4．学习评价

知识的理解（30 分）	技能的掌握（30 分）	学习态度（纪律、出勤、勤奋、认真、卫生、安全意识、积极性、任务单的学习情况等）（30 分）	团队精神（责任心、竞争、比学赶帮等）（10 分）	成绩（100 分）

任务九　叉架类零件图的识绘

1．学习任务单

叉架类零件的用途、结构特点如何？	叉架类零件的表达方法如何？	叉架类零件的尺寸标注如何？	叉架类零件的技术要求如何？

班级　　　　　　　　姓名　　　　　　　　学号

2. 读拨叉的零件图，并回答问题。

（1）∅40 外圆柱面的表面粗糙度轮廓要求是________，其两端面的表面粗糙度轮廓值要求分别是____________、____________。

（2）∅10 孔的定位尺寸是____________。

（3）∅$8^{+0.06}_{0}$ 孔的定位尺寸是____________。

（4）∅3 锥销孔的定位尺寸是____________。

（5）A-A 剖视图是采用________剖切方法得到的________视图。

（6）∅20 凸台端面的表面粗糙度轮廓要求是________。

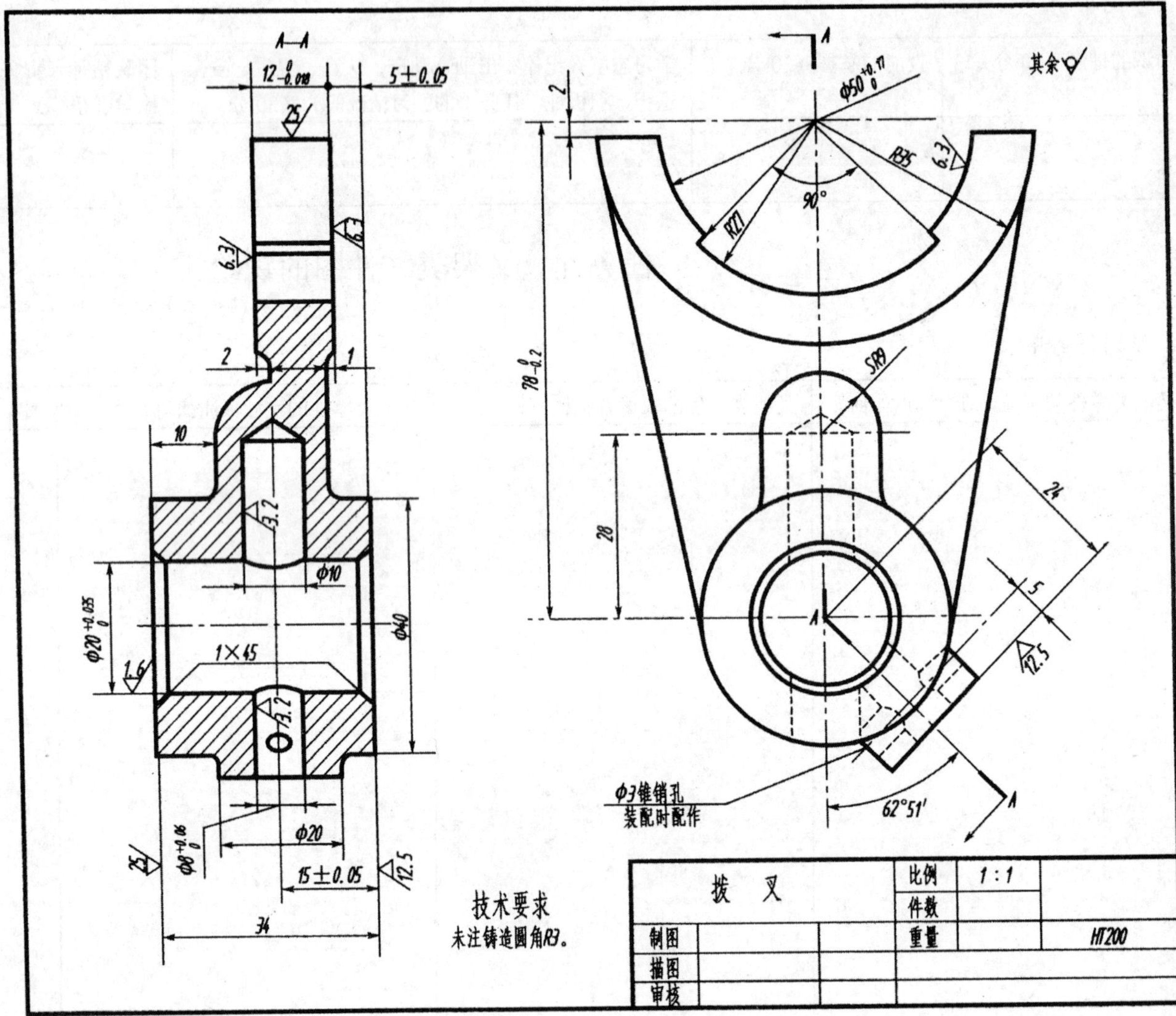

3．读托架零件图，想象形状。

（1）补画左视图；

（2）用了哪些表达方法？

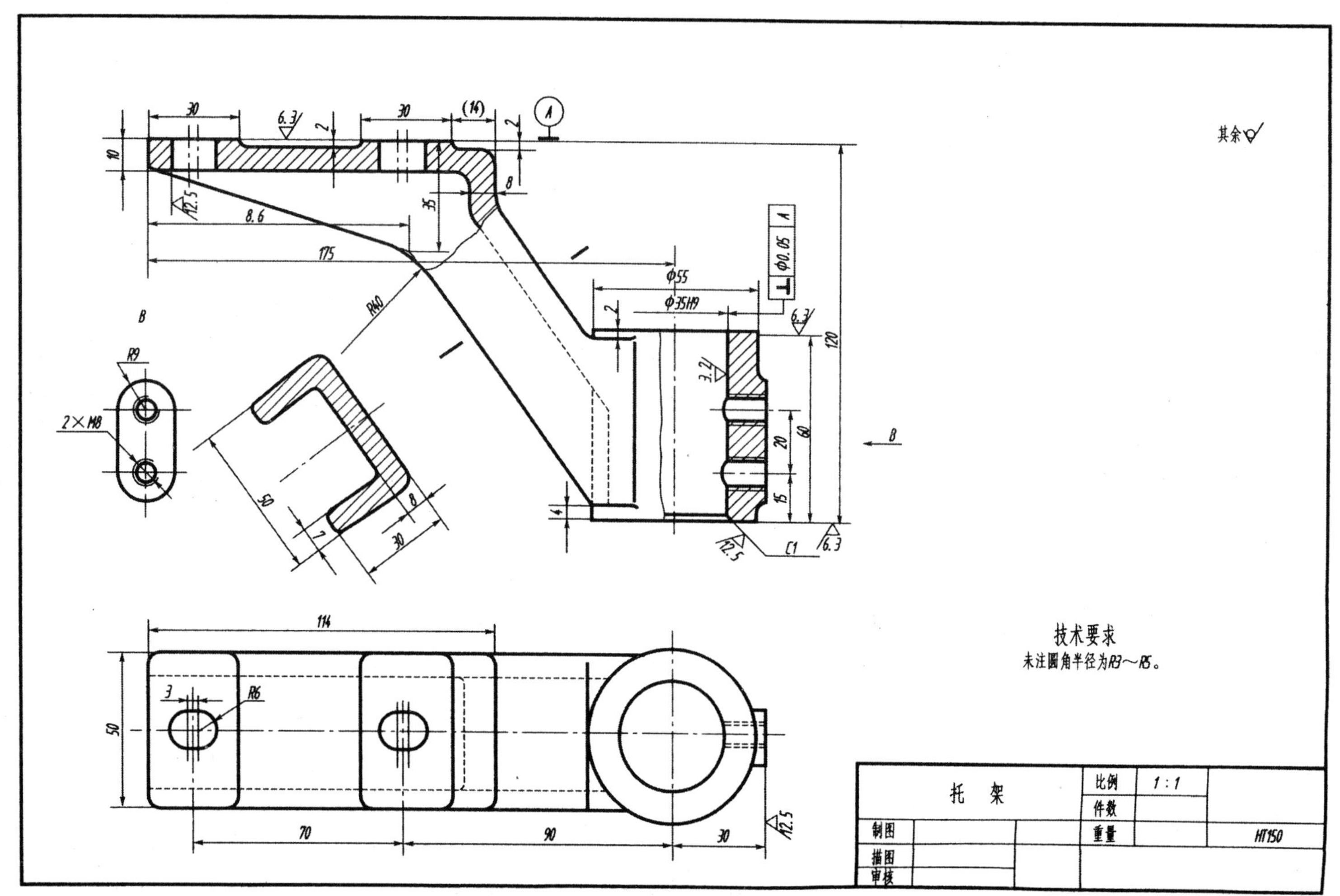

班级　　　　　　　　　　　　姓名　　　　　　　　　　　　学号

4．学习评价

知识的理解（30 分）	技能的掌握（30 分）	学习态度（纪律、出勤、勤奋、认真、卫生、安全意识、积极性、任务单的学习情况等）（30 分）	团队精神（责任心、竞争、比学赶帮等）（10 分）	成绩（100 分）

任务十　箱体类零件图的识绘

1．学习任务单

箱体类零件的用途、结构特点如何？	箱体类零件的表达方法如何？	箱体类零件的尺寸标注如何？	箱体类零件的技术要求如何？

班级　　　　姓名　　　　学号

2．读泵体零件图，并回答问题。

（1）泵体共用了__________个图形表达，主视图作了__________剖视，左视图上有__________处作了__________剖视，A-A 称为__________图，K 向称为__________图。

（2）泵体长方形底板的定形尺寸是__________，底板两沉孔的定形尺寸是________________。

（3）左视图上最大的粗实线圆的直径是__________，其最小粗实线圆的尺寸是__________，K 向视图中三个同心粗实线圆的直径分别是__________、__________、__________。

（4）泵体上共有大小不同的螺孔__________个，它们的螺纹标注分别是________________________________。

（5）解释∅60H7 的含义____。

（6）解释 G1/8 的含义____。

（7）解释符号 [⊥|0.02|A] 的含义____。

3．读蜗轮箱体的零件图，并回答问题。

（1）零件共用了几个图形？分别是什么表达方法？

（2）补画主视图的外形图。

（3）想象零件的结构形状。

（4）分析尺寸基准：长度方向的主要基准为______________，宽度方向的主要基准为________________，高度方向的主要基准为___________________。

（5）分析定位尺寸：长度方向的定位尺寸有_____________________，宽度方向的定位尺寸有____________________，高度方向的定位尺寸有_______________。

（6）零件表面粗糙度轮廓最低（要求最高）的代号是________________，粗糙度轮廓最高（要求最低）的代号是____________________。

（7）有公差要求的孔有________________个，其公差带代号分别是________________，可判断它们是________________孔。

（8）[⊥|0.01|G] 的含义是____。

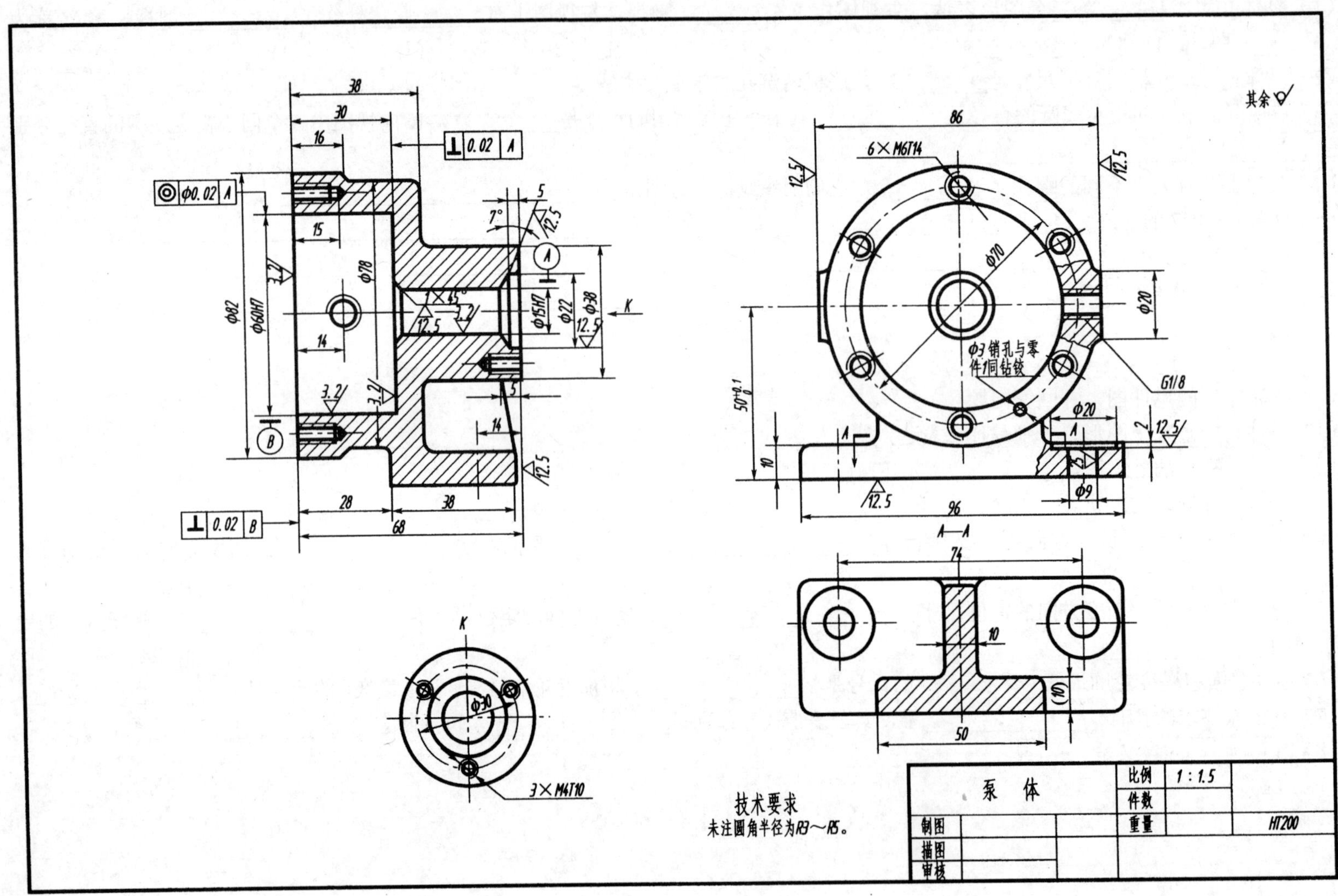
其余
6×M6T14
Φ70
Φ20
Φ3销孔与零件1同钻铰
G1/8
3×M4T10
A—A
K
泵 体
比例 1:1.5
件数
重量
HT200
制图
描图
审核
技术要求
未注圆角半径为R3～R5。

班级 姓名 学号

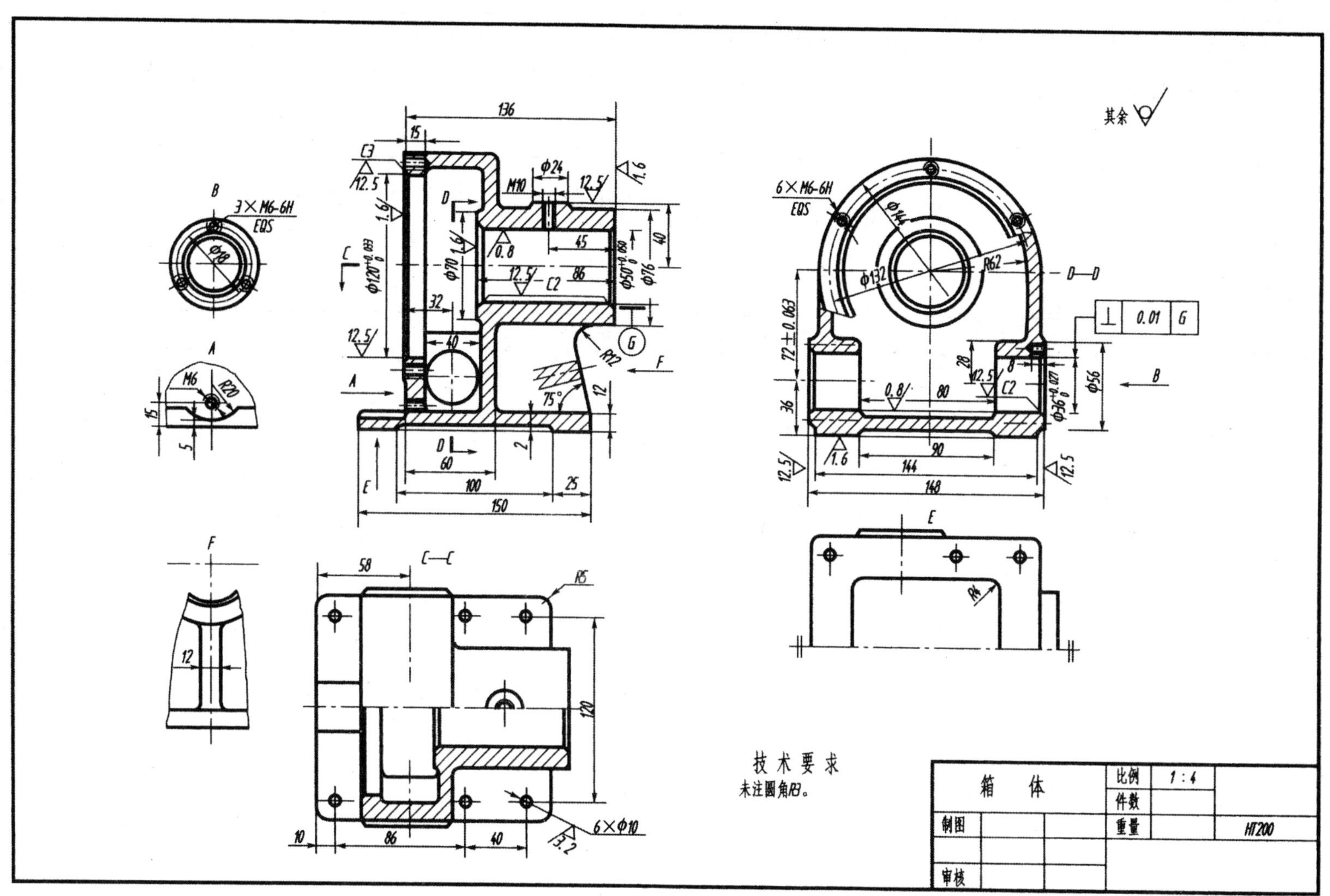
其余
技术要求
未注圆角R3。
箱　体
比例 1:4
件数
制图
重量
HT200
审核

4．学习评价

知识的理解（30分）	技能的掌握（30分）	学习态度（纪律、出勤、勤奋、认真、卫生、安全意识、积极性、任务单的学习情况等）（30分）	团队精神（责任心、竞争、比学赶帮等）（10分）	成绩（100分）

任务十一　装配图的作用、内容

1．学习任务单

什么是装配图？其作用如何？	装配图的内容包括什么？

2．填空。

（1）表示________________________________的图样，称为________________。

（2）装配图是表达＿＿＿＿＿＿＿的设计思想、了解其＿＿＿＿＿、进行＿＿＿＿＿＿＿的重要技术文件；是进行机器或部件的＿＿＿＿＿＿＿、制定＿＿＿＿＿＿＿、进行＿＿＿＿＿、＿＿＿＿＿、＿＿＿＿＿＿＿的重要技术依据。

（3）装配图的内容包括：＿＿＿＿＿＿＿＿＿＿、＿＿＿＿＿＿＿＿＿、＿＿＿＿＿＿＿＿＿＿、＿＿＿＿＿＿＿＿＿。

3．学习评价

知识的理解（30 分）	技能的掌握（30 分）	学习态度（纪律、出勤、勤奋、认真、卫生、安全意识、积极性、任务单的学习情况等）（30 分）	团队精神（责任心、竞争、比学赶帮等）（10 分）	成绩（100 分）

任务十二　装配体的工艺结构

1．学习任务单

在装配体的工艺结构中，两零件间的接触面有什么要求？	在装配体工艺结构中，并紧、定位及锁紧结构有哪些？	在装配体工艺结构中，对于装拆有什么要求？

班级　　　　　　　　　　姓名　　　　　　　　　　学号

2. 为什么两个零件在同一个方向上，只能有一个接触面或配合面？选择正确的图。

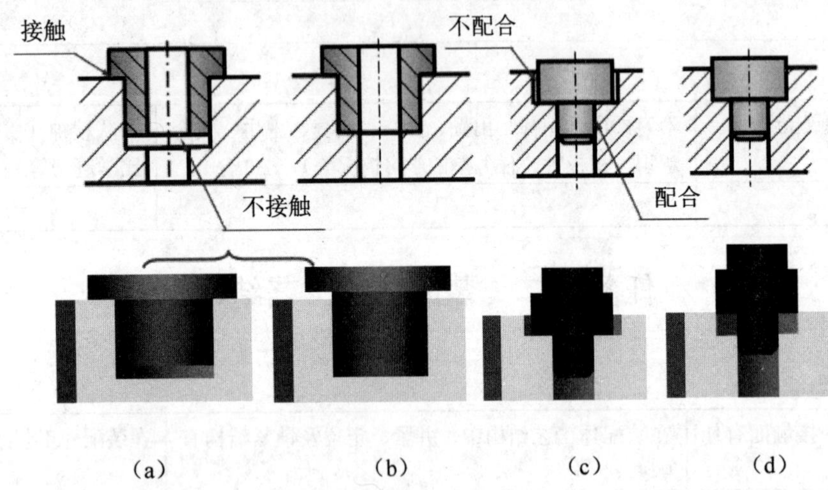

3. 为什么轴肩处加工出根切槽，或在孔端面加工出倒角？选择正确的图。

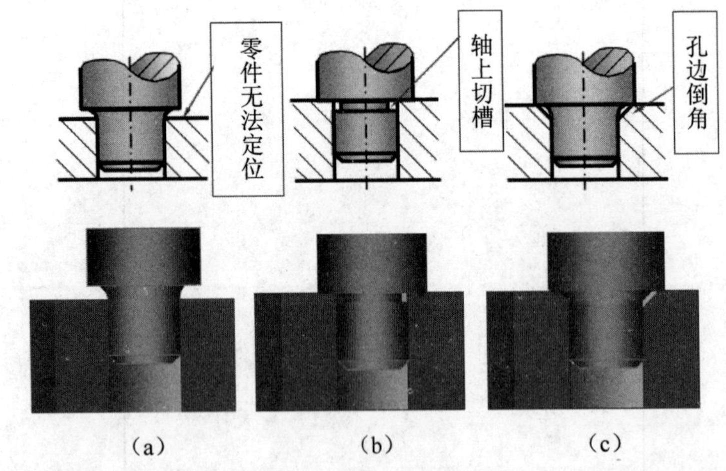

班级　　姓名　　学号

4．学习评价

知识的理解（30分）	技能的掌握（30分）	学习态度（纪律、出勤、勤奋、认真、卫生、安全意识、积极性、任务单的学习情况等）（30分）	团队精神（责任心、竞争、比学赶帮等）（10分）	成绩（100分）

任务十三　装配图的绘制

1．学习任务单

装配图的视图表达如何？	装配图的规定画法如何？	装配图的特殊表达方法如何？	装配图视图的选择要求如何？	画装配图表达的重点是什么？选取装配图表达方案的步骤如何？	画装配图的方法和步骤如何？

班级　　　　姓名　　　　学号

2．读装配图，并回答问题。

（1）叙述绘制图示千斤顶装配图的过程。

（2）千斤顶的功能是什么？由什么零件组成？

（3）该装配图由哪几个视图表达？主视图采用了哪些表达方法？

（4）螺钉 1 和螺母 4 起什么作用？

（5）试述千斤顶的装配顺序。

（6）简述千斤顶工作时的操作过程。

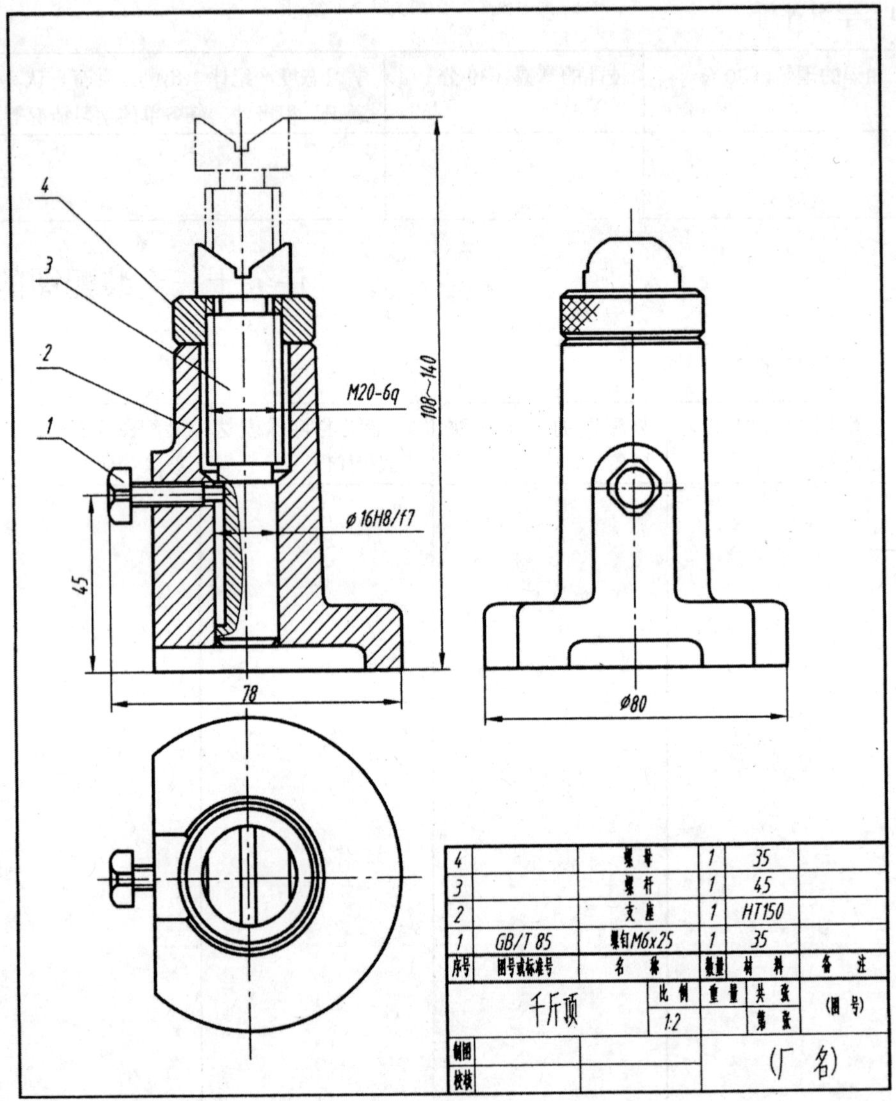

班级　　姓名　　学号

3．学习评价

知识的理解（30 分）	技能的掌握（30 分）	学习态度（纪律、出勤、勤奋、认真、卫生、安全意识、积极性、任务单的学习情况等）（30 分）	团队精神（责任心、竞争、比学赶帮等）（10 分）	成绩（100 分）

任务十四　装配图的尺寸标注和技术要求

1．学习任务单

装配图中的尺寸包括什么？	装配图中的技术要求包括什么内容？

班级　　　　姓名　　　　学号

2．说出齿轮油泵装配图中的四大尺寸。

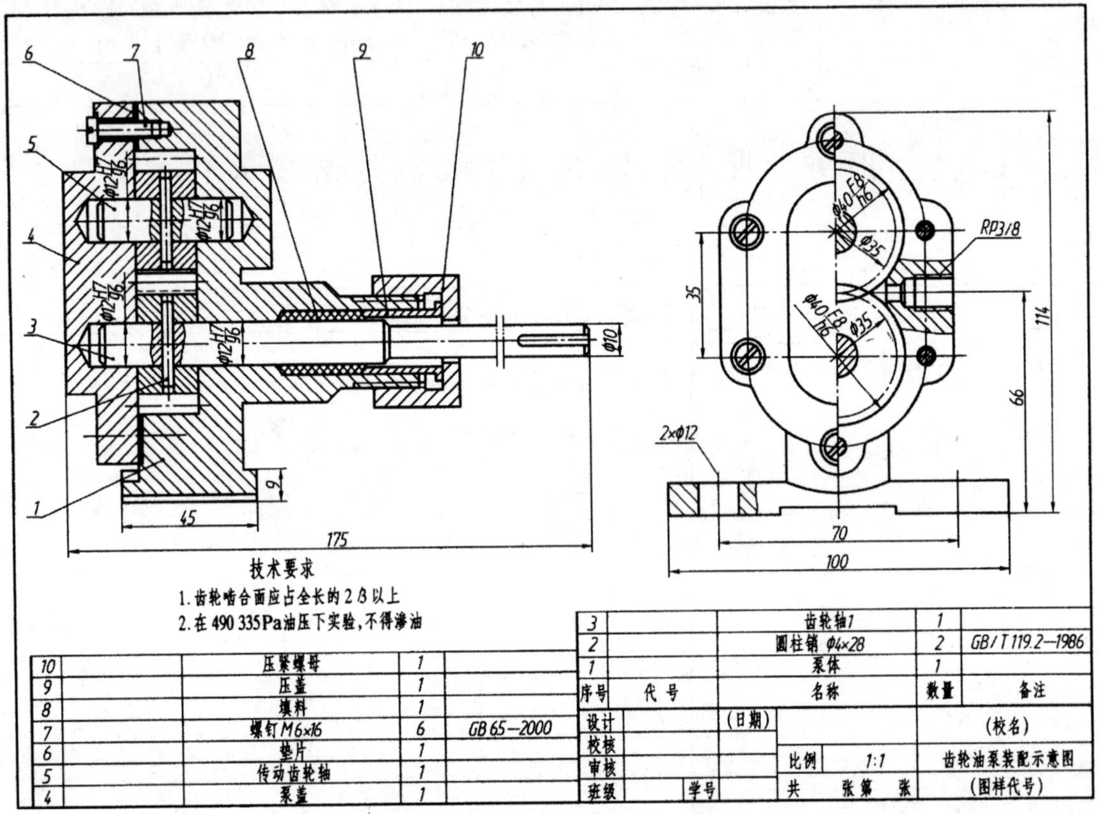

序号	代号	名称	数量	备注
10		压紧螺母	1	
9		压盖	1	
8		填料	1	
7		螺钉M6×16	6	GB 65—2000
6		垫片	1	
5		传动齿轮轴	1	
4		泵盖	1	
3		齿轮轴1	1	
2		圆柱销 φ4×28	2	GB/T 119.2—1986
1		泵体	1	

设计		(日期)		(校名)
校核				
审核			比例 1:1	齿轮油泵装配示意图
班级		学号	共 张 第 张	(图样代号)

3．学习评价

知识的理解（30分）	技能的掌握（30分）	学习态度（纪律、出勤、勤奋、认真、卫生、安全意识、积极性、任务单的学习情况等）（30分）	团队精神（责任心、竞争、比学赶帮等）（10分）	成绩（100分）

班级　　　　姓名　　　　学号

任务十五　装配图的零件序号和明细栏

1．学习任务单

在装配图中零、部件序号的一般规定如何？序号的标注形式如何？	序号的编排方法如何？其他规定如何？	什么是明细栏？画法如何？	明细栏的填写如何？

2．怎样编写装配图中的零件序号不易出错？

3．明细栏最上方（最末）的边线一般用什么线绘制？

4．明细栏中的数字比尺寸标注数字大几号？

班级　　　　姓名　　　　学号

5．学习评价

知识的理解（30分）	技能的掌握（30分）	学习态度（纪律、出勤、勤奋、认真、卫生、安全意识、积极性、任务单的学习情况等）（30分）	团队精神（责任心、竞争、比学赶帮等）（10分）	成绩（100分）

任务十六　装配图的识读

1．学习任务单

识读装配图的目的是什么？	识读装配图的方法和步骤如何？

班级　　姓名　　学号

2．读机用虎钳的装配图，并回答问题。

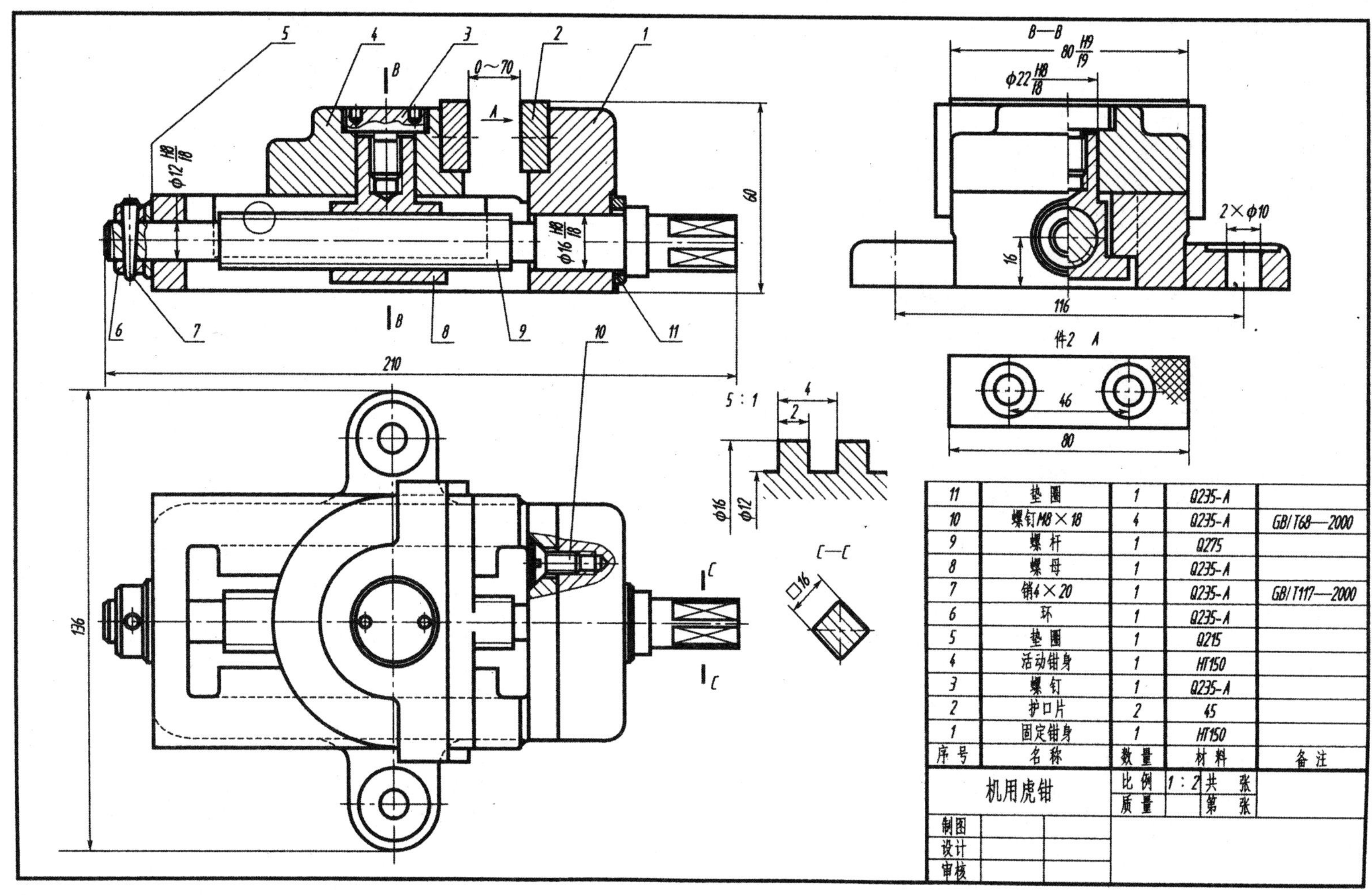

（1）该装配体共由______________种零件组成。

（2）该装配图共有__________个图形。它们分别是________、________、________、________、________、________。

（3）按装配图的尺寸分类，尺寸 0～70 属于__________________尺寸，尺寸 116 属于__________________尺寸，尺寸 210、136、60 属于__________________尺寸。

（4）件 2 与件 1 为______________连接，件 6 与件 9 是由________________连接的。

（5）断面图 C-C 的表达意图是____。

（6）局部放大图的表达意图是____。

（7）螺杆 9 旋转时，件 8 作____________________运动，其作用是______________________________。

（8）件 9 螺杆与件 1 固定钳身左右两端的配合代号是_______________________，它们表示是______________制，____________配合。

（9）件 4 与件 8 是通过_______________来固定的。

（10）件 3 上的两个小孔的用途是____。

（11）简述装配体的装、拆顺序。

（12）简述机用虎钳的工作原理。

3．审阅传动机构装配图和零件图中的错误，指出并改正（大作业四：用 A3 图纸来完成）。

班级　　　　　　　　姓名　　　　　　　　学号

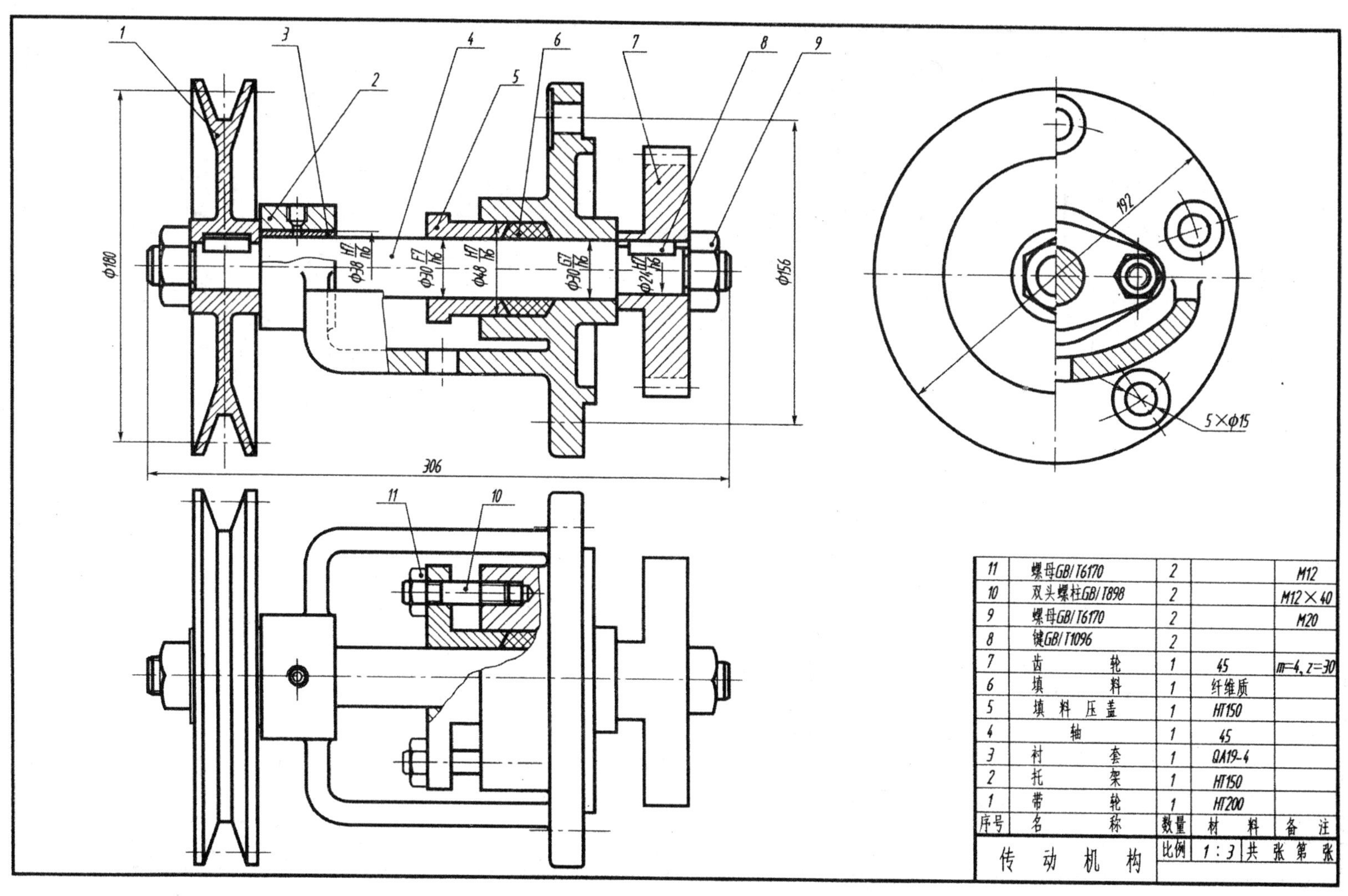

序号	名　称	数量	材　料	备　注
11	螺母GB/T6170	2		M12
10	双头螺柱GB/T898	2		M12×40
9	螺母GB/T6170	2		M20
8	键GB/T1096	2		
7	齿　轮	1	45	m=4, z=30
6	填　料	1	纤维质	
5	填料压盖	1	HT150	
4	轴	1	45	
3	衬　套	1	QA19-4	
2	托　架	1	HT150	
1	带　轮	1	HT200	

传动机构	比例	1:3	共　张　第　张

班级　　　　姓名　　　　学号

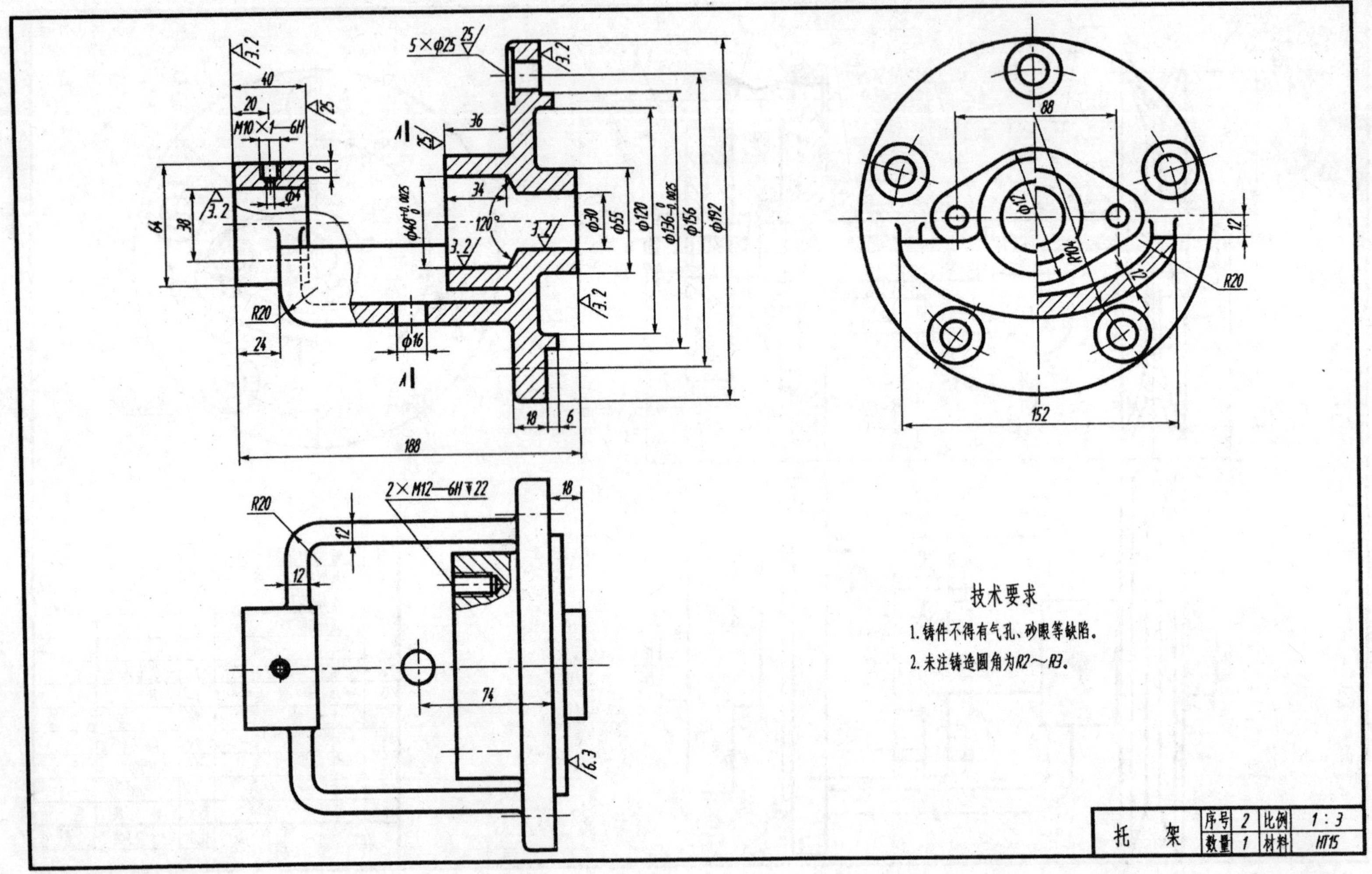
5×φ25
M10×1—6H
φ4
φ16
R20
2×M12—6H▼22
技术要求
1. 铸件不得有气孔、砂眼等缺陷。
2. 未注铸造圆角为R2～R3。
托　架
序号 2 比例 1:3
数量 1 材料 HT15

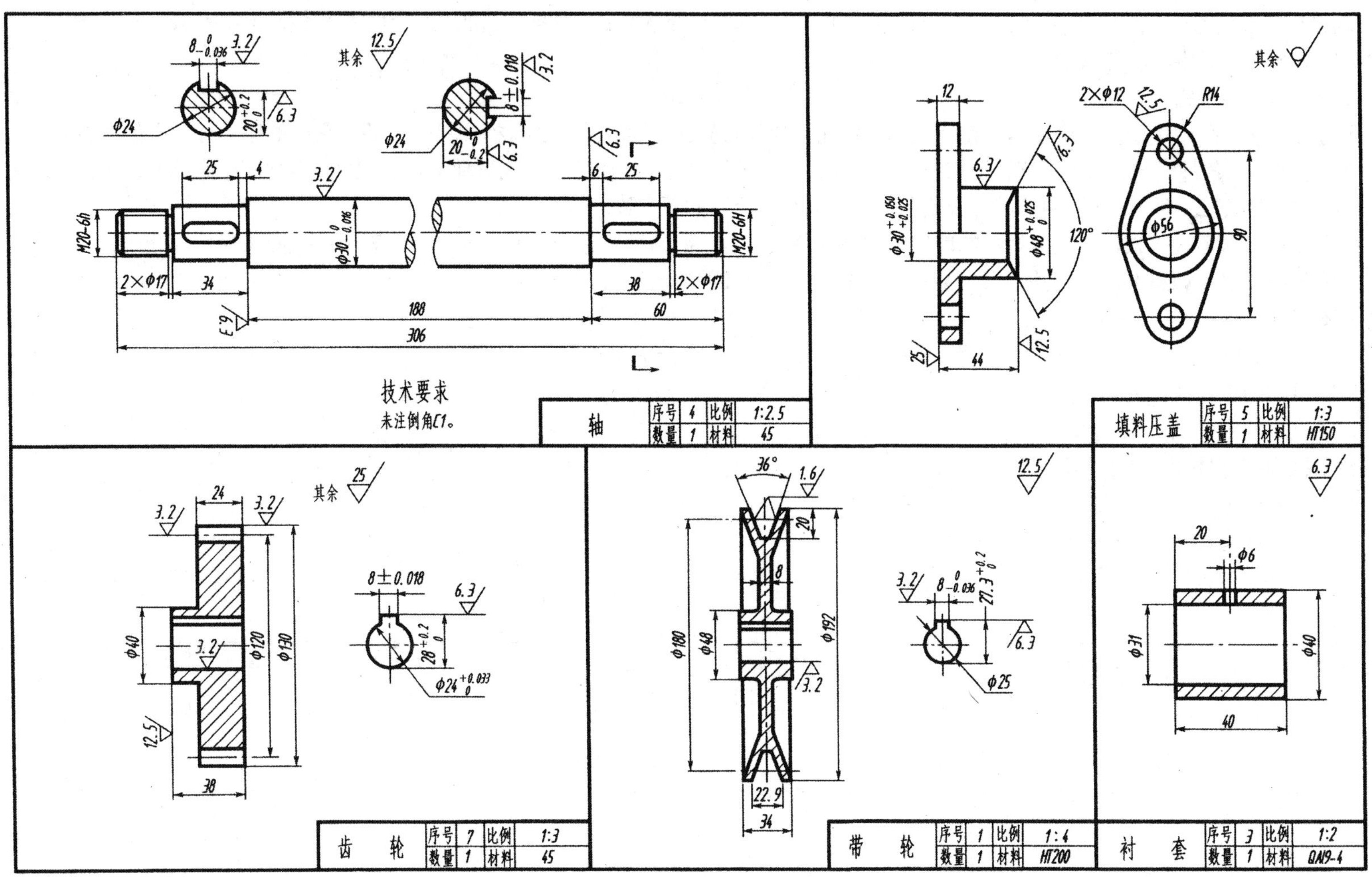
其余 12.5
技术要求
未注倒角C1。
轴
序号 4 比例 1:2.5
数量 1 材料 45
填料压盖
序号 5 比例 1:3
数量 1 材料 HT150
齿轮
序号 7 比例 1:3
数量 1 材料 45
带轮
序号 1 比例 1:4
数量 1 材料 HT200
衬套
序号 3 比例 1:2
数量 1 材料 QAl9-4

（1）审图要求。

将传动机构的装配图和它的6个零件图结合起来阅读，在看懂全部图纸的基础上，对每张图纸进行全面审阅，指出图中的错误，并改正。

（2）审阅全部图纸中各种错误的提示。

1）投影方面的各种错误。

2）不符合国家标准中关于图样画法的规定；螺纹、齿轮、螺纹紧固件、键等的画法及标注错误；装配图中的序号标注等的各种错误。

3）尺寸标注中的各种错误，包括不符合国家标准中关于尺寸注法的规定、装配图中漏注重要的配合尺寸、零件图中有遗漏或多余尺寸、零件图中的尺寸及公差与装配图中的不符合或各种零件间相互尺寸的不一致。

4）技术要求中的各种错误，包括表面粗糙度轮廓注法的错误（新、旧国标）、尺寸偏差数值在查表中产生的错误及标注的错误等。

5）其他各种错误，如材料牌号写法错误、某些零件图中缺少重要的参数等错误。

（3）本图纸包括：

1）传动机构装配图；

2）传动机构的零件图：托架；

3）传动机构的零件图：轴；

4）传动机构的零件图：填料压盖；

5）传动机构的零件图：齿轮；

6）传动机构的零件图：带轮；

7）传动机构的零件图：衬套。

4．学习评价

知识的理解（30分）	技能的掌握（30分）	学习态度（纪律、出勤、勤奋、认真、卫生、安全意识、积极性、任务单的学习情况等）（30分）	团队精神（责任心、竞争、比学赶帮等）（10分）	成绩（100分）

 班级 姓名 学号

下篇　专业识图

项目一　车工识图　项目二　铣工识图

1．学习任务单一

什么是公称尺寸、上极限尺寸、下极限尺寸、上极限偏差、下极限偏差？	什么是基本偏差、标准公差等级、基孔制、基轴制？	如何查得孔和轴的上、下极限偏差？	如何读取游标卡尺和千分尺的读数？测得的尺寸如何为合格？	什么是基准要素？什么是被测要素？	几何公差项目包括什么？分别表示什么含义？

2．学习任务单二

什么是表面粗糙度轮廓？一般怎么选取？	退刀槽怎么标注？倒角怎么标注？	什么是斜度和锥度？	什么是螺纹的公称直径、大径、小径、中径？什么是标准螺纹？内、外螺纹怎么画？内、外螺纹旋合怎么画？	什么是设计基准？什么是工艺基准？	主要尺寸基准一般有几个？怎么选取？

班级　　姓名　　学号

3．学习任务单三

常用键包括什么？功用如何？	普通平键及连接怎么画？	半圆键及连接怎么画？	外花键的画法及标注如何？	内花键的画法及标注如何？

4．学习评价

知识的理解（30 分）	技能的掌握（30 分）	学习态度（纪律、出勤、勤奋、认真、卫生、安全意识、积极性、任务单的学习情况等）（30 分）	团队精神（责任心、竞争、比学赶帮等）（10 分）	成绩（100 分）

班级　　　　姓名　　　　学号

项目三　焊工识图

任务一　下料基础知识——常用几何划线方法

1．学习任务单

如何垂直平分线段？如何作平行线？如何作30°和60°直角三角形？用图表示。	如何将任意角二等分？如何将线段任意等分？如何三点找圆心？用图表示。	如何作圆弧与两直线相切？如何五等分圆？如何七等分圆？用图表示。	如何将圆三、六、十二等分？如何作椭圆？如何作蛋形圆？用图表示。	如何作抛物线？如何作大圆弧？如何作涡线？用图表示。

2. 学习评价

知识的理解（30 分）	技能的掌握（30 分）	学习态度（纪律、出勤、勤奋、认真、卫生、安全意识、积极性、任务单的学习情况等）（30 分）	团队精神（责任心、竞争、比学赶帮等）（10 分）	成绩（100 分）

任务二　下料基础知识——求线段实长和平面实形

1. 学习任务单一

如何用直角三角形法求线段实长？用图表示。	如何用直角三角形法求平面实形？用图表示。	如何用换面法求线段实长？用图表示。	如何用换面法求平面实形？用图表示。

班级　　　　　　　　　　姓名　　　　　　　　　　学号

2．学习任务单二

如何用旋转法求线段实长？用图表示。	如何用旋转法求平面实形？用图表示。

3．学习评价

知识的理解（30分）	技能的掌握（30分）	学习态度（纪律、出勤、勤奋、认真、卫生、安全意识、积极性、任务单的学习情况等）（30分）	团队精神（责任心、竞争、比学赶帮等）（10分）	成绩（100分）

班级　　　　姓名　　　　学号

任务三　下料基础知识——立体的表面展开

1. 学习任务单

平面立体的表面怎么展开？用图表示。	可展曲面立体的表面怎么展开？用图表示。

班级　　　　　　　　　　姓名　　　　　　　　　　学号

2. 学习评价

知识的理解（30分）	技能的掌握（30分）	学习态度（纪律、出勤、勤奋、认真、卫生、安全意识、积极性、任务单的学习情况等）（30分）	团队精神（责任心、竞争、比学赶帮等）（10分）	成绩（100分）

任务四　焊工识图相关知识

1. 学习任务单一

什么是焊接、焊接图、焊缝？	图样中焊缝的规定画法如何？	焊缝符号包括什么？	焊缝的标注规定说明如何？

班级　　　　姓名　　　　学号

2．学习任务单二

焊缝尺寸怎么标注？	焊接工艺方法怎么标注？焊接工艺方法代号如何？

3．学习评价

知识的理解（30 分）	技能的掌握（30 分）	学习态度（纪律、出勤、勤奋、认真、卫生、安全意识、积极性、任务单的学习情况等）（30 分）	团队精神（责任心、竞争、比学赶帮等）（10 分）	成绩（100 分）

班级　　　　　　　　　　姓名　　　　　　　　　　学号

任务五　焊工识图综合实例

一、读支座焊接图，并回答问题

1．支座是由________、________、________、________四部分组成的。

2．材料 Q235 是________，235 表示________。

3．1 号件与 2 号件的焊缝形式是________焊缝，焊角高度为________。

4．3 号件与 1 号件、4 号件的焊缝形式是________焊缝，焊角高度为________。

5．2 号件与 4 号件的焊缝基本符号是________，________焊缝，焊角高度为________。

6．3 号件与 2 号件接头是________形接头，因为是________焊缝，故基准线不加虚线。

7．本构件________后，需________，再加工轴孔、底平面及安装孔。

8．图上指定该焊接件采用________焊。

9．图上未注表面结构要求的部位，其表面结构要求应是________。

10．该零件制成后实际大小是图形大小的________倍。

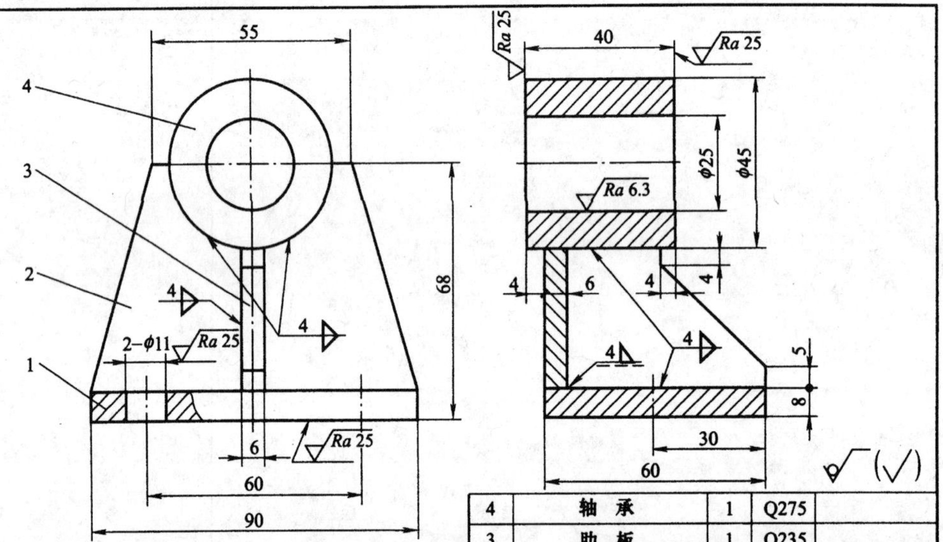

技术要求

1.本构件焊接后应先整形再加工轴孔、底平面及安装孔。

2.全部采用手工电弧焊。

序号	名称	数量	材料	备注
4	轴承	1	Q275	
3	肋板	1	Q235	
2	支承板	1	Q235	
1	底板	1	Q235	

支座	比例 1:2	(图号)
	件数	
制图	重量	共 张 第 张
描图		(厂 名)
审核		

二、读支架焊接图，并回答问题

1．支架是由__________、__________、__________三个构件焊接而成。

2．材料 Q235A 是__________，A 是__________。

3．主视图的焊缝符号表示__________和__________之间的焊接，为__________焊缝，焊角高度为__________。

4．俯视图左边的焊缝符号表示__________与__________之间的焊接，焊缝形式为__________，焊角高度为__________。指引线上的小圆圈表示__________进行焊接。

5．俯视图右边的焊缝符号表示__________与__________之间的焊接，为__________焊缝，焊角高度为__________。

6．该支架各焊缝均采用__________焊。所有切割边缘的表面结构要求应为__________。

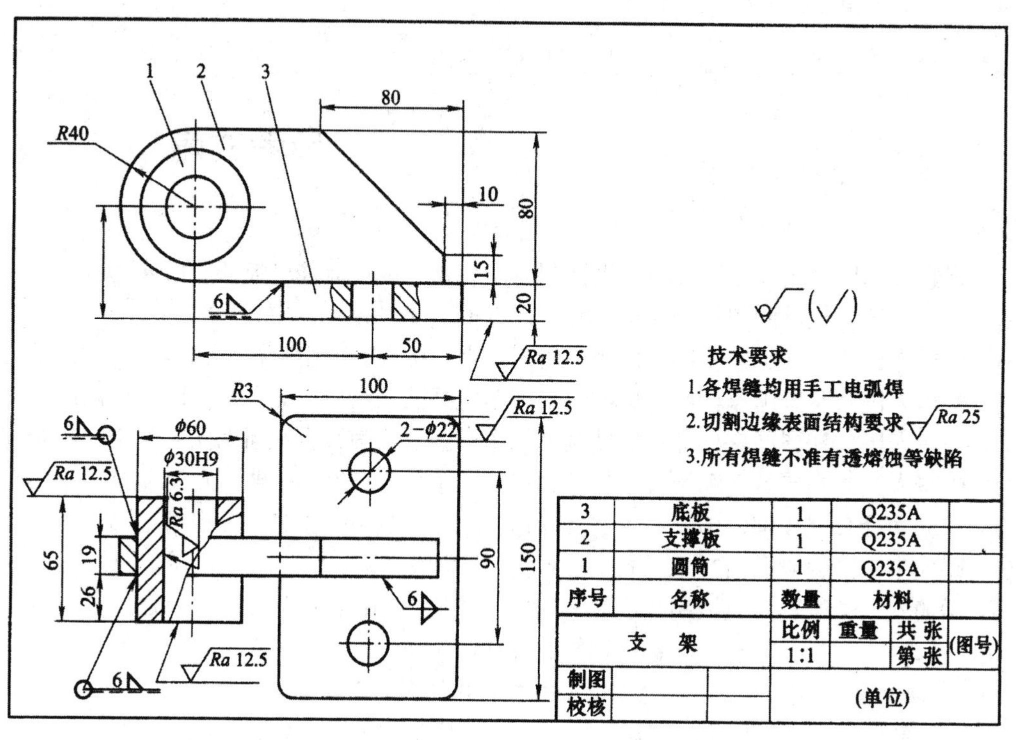

三、学习评价

知识的理解（30 分）	技能的掌握（30 分）	学习态度（纪律、出勤、勤奋、认真、卫生、安全意识、积极性、任务单的学习情况等）（30 分）	团队精神（责任心、竞争、比学赶帮等）（10 分）	成绩（100 分）

班级　　　　　　　　　　姓名　　　　　　　　　　学号

参考文献

[1] 国家技术监督局．技术制图与机械制图．北京：中国标准出版社，1996-2008．

[2] 怎样识读《机械制图》新标准．北京：机械工业出版社，2009．

[3] 中华人民共和国国家标准．机械制图．北京：中国标准出版社，2004．

[4] 中华人民共和国国家标准．机械制图　图样画法　图线．北京：中国标准出版社，2003．

[5] 中华人民共和国国家标准．机械制图　图样画法　剖视图和断面图．北京：中国标准出版社，2003．

[6] 中华人民共和国劳动和社会保障部制定．国家职业标准——制图员．北京：中国劳动社会保障出版社，2002．

[7] 劳动和社会保障部中国就业培训技术指导中心．制图员国家职业资格培训教程（高级）．北京：中央广播电视大学出版社，2003．

[8] 胡建生．工程制图．2 版．北京：化学工业出版社，2004．

[9] 梁德本，叶玉驹．机械制图手册．3 版．北京：机械工业出版社，2002．

[10] 刘小年．机械制图．北京：机械工业出版社，1999．

[11] 刘力．机械制图．2 版．北京：高等教育出版社，2004．

[12] 何培英．机械制图速成教程．北京：化学工业出版社，2011．

[13] 陈桂芳．机械零部件测绘．北京：机械工业出版社，2010．

[14] 程广涵．机械识图．北京：机械工业出版社，2010．

[15] 周明贵．机械制图与识图实例教程．北京：化学工业出版社，2009．

[16] 熊放明．机械工人识图．北京：化学工业出版社，2011．

[17] 胡胜．机械识图与绘图．重庆：重庆大学出版社，2011．

[18] 马德成．零起点就业直通车．机械图样识图．北京：化学工业出版社，2011．

[19] 吕扶才．焊工识图．北京：化学工业出版社，2011．